最简单！最美味！

# 百变法式吐司&热三明治

【日】水口菜穗子　著

高新艳　译

中国大百科全书出版社

图字：01-2016-1356

ICHIBAN　YASASHII! ICHIBAN OISHII! FRENCH TOAST & HOT SANDWICH
©Nahoko Minakuchi 2013.
Originally published in Japan in 2013 by NITTO SHOIN HONSHA CO.,LTD.
Chinese (Simplified Character only) translation rights arranged through
TOHAN CORPORATION, TOKYO.

**图书在版编目（CIP）数据**

百变法式吐司＆热三明治 /（日）水口菜穗子著；高
新艳译. -- 北京：中国大百科全书出版社，2016.4
　ISBN 978-7-5000-9862-1

　Ⅰ.①百… Ⅱ.①水… ②高… Ⅲ.①面包—制作
Ⅳ.①TS213.2

中国版本图书馆CIP数据核字（2016）第070739号

策　划　人：孙　静
责任编辑：余　会
责任印制：魏　婷

**中国大百科全书出版社** 出版发行
（北京阜成门北大街17号　邮政编码：100037　电话：010-88390695）
网址：http://www.ecph.com.cn
新华书店经销
北京地大天成印务有限公司印刷
开本：787毫米×1092毫米　1/16　印张：6
2016年5月第1版　2016年5月第1次印刷
ISBN 978-7-5000-9862-1
定价：28.00元
本书如有印装质量问题，可与出版社联系调换

# 前言

"放上很多草莓，再添一些打泡奶油！"

"用吃剩的菜做热三明治。"

法式吐司和热三明治不仅能充分发挥我们的想象力，制作过程也充满无限乐趣。

一般认为法式吐司只是假日里奢华的小点心。

简单的法式吐司只抹上一层枫糖，味道就已经很不错了，如果再在吐司上放很多水果，水果上面放冰激淋，再抹上一层黏稠的果子露，这样做出来的吐司只是想想就会让人无比激动，满怀期待吧！

而热三明治则是我去野营时必不可缺的食物。

翌日清晨，在帐篷里醒来，把手头的食材整齐地排成一长排，各人根据自己的口味自由搭配。不可思议的是，即使平常不做饭的人也会兴高采烈地参与进来。

本书的食谱作为参考写了"分量"，并且介绍了很多夹在或者放在面包上的食材的做法。但是法式吐司和热三明治的真正魅力在于"自由"和"简单"！

因此，大家可以按照自己喜好的分量和食材，或者是自由组合家里已有的食材，自由发挥，尽情享受。

希望以本书为契机，衷心祝愿大家的面包生活越来越丰富多彩。

水口菜穗子

# 目 录

前言···················· 3

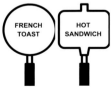

## PART 1
## 最简单最基本的烤制方法

烤制最基本的法式吐司
【枫糖法式吐司】·············· 10

法式吐司训练教室·············· 12

烤制最基本的热三明治
【火腿芝士热三明治】·········· 16

热三明治训练教室············· 18

添加沙司和奶油会更美味·········· 20

用多余的面包边做小点心·········· 22

本书规则

◎计量单位：大匙 15ml、小匙 5ml、1 量杯 200ml。大小量杯都要量满。

◎微波炉的加热时间以 600W 微波炉作为参考。请根据自己使用的微波炉类型自行调节加热时间。

◎本书使用的黄油都是无盐黄油。

◎本书用的鸡蛋大小为中号。

◎打泡奶油是由 200ml 鲜奶油加入 2 大匙白砂糖，打至硬性发泡，用打蛋器挑起奶油，奶油能垂直立起来的奶油。奶油的硬度和甜度可以依据个人口味适当调整。

◎根据您使用的热三明治烤具制造商的不同，加热温度、加热时间会有所不同。请您根据烤时的具体情况适当调整加热时间和温度。

◎我极力推荐大家使用各道食谱中介绍的面包。当然也请大家自由尝试食谱中没有使用过的面包。

◎法式吐司上的配料、热三明治里夹的各种食材的量只是参考。请大家根据个人喜好自由搭配。

# PART 2
# 法式吐司食谱

**速成法式吐司**

浆果法式吐司 …………………… 24

肉桂法式吐司 …………………… 26

香蕉法式吐司 …………………… 27

苹果法式吐司 …………………… 28

**美味法式吐司**

松软厚切片法式吐司 …………… 29

奶糖法式吐司 …………………… 30

夏威夷风味法式吐司 …………… 32

柠檬黄油法式吐司 ……………… 33

港式风味法式吐司 ……………… 34

法式吐司布丁 …………………… 36

**便利店法式吐司**

布丁做的法式吐司 ……………… 38

提拉米苏法式吐司 ……………… 39

夹心面包法式吐司 ……………… 40

蜂蜜蛋糕法式吐司 ……………… 41

**水果法式吐司**

水果盛宴法式吐司 ……………… 42

奶酪草莓夹心法式吐司 ………… 43

水蜜桃酸奶酪法式吐司 ………… 44

法式吐司水果三明治 …………… 45

**绚丽多彩法式吐司**

草莓牛奶法式吐司 ……………… 46

巧克力法式吐司 ………………… 48

日式抹茶法式吐司 ……………… 49

牛奶红茶法式吐司 ……………… 50

咖啡法式吐司 …………………… 51

咖喱法式吐司 …………………… 52

**主食法式吐司**

蔬菜烤肉法式吐司 ……………… 54

泰式风味薄荷肉馅法式吐司……… 55

担担面风味法式吐司 …………… 56

大蒜黄油法式吐司 ……………… 57

蜂蜜味增蘑菇法式吐司 ………… 58

# PART 3
# 热三明治菜谱

HOT SANDWICH

**速成热三明治**

虾仁鳄梨热三明治·················· 60

生菜培根煎蛋热三明治·············· 61

炒面热三明治······················ 62

披萨热三明治······················ 63

煎蛋热三明治······················ 64

土豆沙拉热三明治·················· 65

鲑鱼芝士热三明治
黄瓜热三明治······················ 66

西红柿热三明治
鳄梨热三明治······················ 67

葡萄干拌胡萝卜热三明治············ 68

**节俭热三明治**

炸虾热三明治······················ 69

剩咖喱＆豆粒热三明治·············· 70

油炸竹荚鱼热三明治
羊栖菜热三明治···················· 71

煎饺＆辣椒油热三明治·············· 72

麻婆茄子热三明治·················· 73

**鸳鸯热三明治**

普罗旺斯炖菜＆甜罗勒土豆
热三明治·························· 74

那不勒斯面条＆杏力蛋热三明治··· 76

奶油炸可乐饼＆生姜烧猪肉
热三明治·························· 78

**豪华热三明治**

芝士汉堡热三明治·················· 80

黄瓜烤鳗鱼热三明治················ 82

南蛮炸鸡块热三明治················ 83

韩式烤肉热三明治·················· 84

蒜香牛排热三明治·················· 85

秘制叉烧热三明治·················· 86

**快餐热三明治**

中国风情热三明治·················· 88

肉丸热三明治······················ 89

青花鱼罐头热三明治
烤鸡肉串罐头热三明治·············· 90

韩式风味热三明治
鱼肉肠热三明治···················· 91

**甜点热三明治**

巧克力棉花糖热三明治·············· 92

简易牛奶蛋糊水果热三明治·········· 93

草莓大福饼热三明治················ 94

枫糖红薯热三明治·················· 95

# PART 1
## 最简单最基本的烤制方法

FRENCH TOAST

HOT SANDWICH

**基本**

## 法式吐司

　　首先，我们只用枫糖和黄油烤制最简单的法式吐司，以此来掌握法式吐司的基本烤制方法。只要掌握了基本烤制方法，只是配料和鸡蛋液有所不同的其他各种吐司制作起来就会非常轻松。

**枫糖法式吐司**

FRENCH TOAST

⇒做法见 **P** 10

**基本**

## 热三明治

　　热三明治制作的基本要点就是用面包片夹上东西烤，只要掌握了秘诀，就能做出色香味俱全的热三明治。下面我们就通过最受欢迎的火腿芝士三明治掌握热三明治的制作要点吧。

## 火腿芝士三明治

HOT SANDWICH

⇒做法见 **P 16**

**基本**

# 烤制最基本的法式吐司

食谱不同，面包、鸡蛋液等也会不同，但是基本的工序都是一样的。

## 〔枫糖法式吐司〕

## 1 道具

制作时所需的厨具都是家里有的。如果没有方平底盘，也可以用普通盘子代替。树脂材料的平底煎锅不容易糊锅，推荐大家使用。另外请大家不要忘了给平底煎锅准备个锅盖。

①大碗　②打蛋器
③方底平盘（24.8×32.8cm）
④平底煎锅（直径24cm）
⑤锅铲　⑥平底煎锅锅盖

## 2 材料

枫糖法式吐司有甜味和咸味两种。两种口味吐司中鸡蛋和牛奶的用量都是一样的，只是调味品不同。下面我们就来制作甜味的枫糖法式吐司。

吐司需用6片装的吐司，配料可按自己喜好自由搭配

甜味枫糖法式吐司的基本原料

➕ 配料

咸味枫糖法式吐司的基本原料

➕ 配料

吐司（6片装）　2片　　黄油　2大匙
A
｜鸡蛋　1枚
｜砂糖　1大匙
｜牛奶　100ml

＊配料
｜枫糖　少许
｜黄油　少许

吐司（6片装）　2片　　黄油　2大匙
A
｜鸡蛋　1枚
｜盐、碎黑胡椒　各少许
｜牛奶　100ml
｜芝士粉　2大匙

●鸡蛋液剩下的话……如果手边还有面包的话，可以用面包浸好鸡蛋液冷藏起来。（具体操作请参照p15）。

## 3 调制鸡蛋液

用打蛋器把A栏包含的材料混合搅拌至砂糖和盐溶解即可。

用打蛋器用力搅拌鸡蛋。

等加到鸡蛋里的调味料完全溶解后再加牛奶，这样会容易搅拌些。

## 4 吐司浸泡鸡蛋液

直接放入大碗的话，鸡蛋液不容易浸透吐司，所以要把它们移到方底平盘里。如果家里没有大号的方底平盘，也可以用小碗或者两个盘子代替。6片装的吐司估计需要用10分钟。

把吐司平铺好后加入鸡蛋液，静置5分钟。

用锅铲把吐司翻过来，再静置5分钟。

## 5 烤制

烤出完美法式吐司的秘诀就是平底煎锅里先放黄油，再加热，这样吐司不仅不会烤焦，而且会外酥里嫩。加热过程中要把锅盖盖上，这样吐司会更松软可口。

**POINT** 黄油熔化程度

在黄油完全熔化且尚未烤焦着色前加入吐司

锅中加入一半黄油，等黄油完全熔化后放入一片吐司，然后用弱中火加热。

加热1-2分钟，等吐司煎成焦黄色后翻面，盖上锅盖继续加热1-2分钟。剩下的吐司同样操作即可。

# 实验

# 法式吐司训练教室

法式吐司可以根据自己的喜好自由选择不同类型的面包，面包浸鸡蛋液的方法，甚至连烤制方法也可以自由尝试。下面我们就来实际体验各种不同类型的法式吐司做法吧！

## 尝试各种类型的面包

硬的、软的、有韧性……只是通过变化面包的种类，就能尽情享受不同的口感！
搭配好配料，尽情享受美味的吐司生活吧。

### 各种常见吐司

本书使用最多的就是最常见的6片装的吐司。喜欢口感醇厚的话可以选择厚切片面包；想把吐司做得精巧可爱的话，推荐选用迷你无糖吐司。使用厚切片做法式吐司时，不仅鸡蛋液的用量比基本做法的多，而且吐司浸在鸡蛋液的时间也比基本做法要长一些。

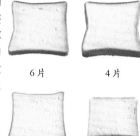

6片　　　　4片

厚切片吐司　　迷你吐司

### 其他种类的吐司

这是些添加了葡萄干、芝麻等食材的吐司。因为葡萄干、芝麻能突出口感，可以根据法式吐司的配料选择与之相搭配的面包。

杂粮吐司　　核桃仁吐司

芝麻吐司　　迷你葡萄干吐司

### 硬面包

右图中的面包麦香浓郁、韧性十足。因为面包造型底部比较硬，尤其是切成厚片时不容易吸收鸡蛋液，因此需要加长浸泡鸡蛋液的时间。百吉饼比较硬，即使花很长时间，鸡蛋液也无法完全渗透，因此只是表面蘸满一层鸡蛋液就烤，也能享受与众不同的独特口感。

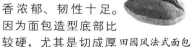  

田园风法式面包　　黑麦面包

百吉饼　　　法式面包

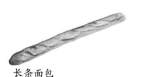

长条面包

### 软面包

软面包质地松软，短时间内就能吸收大量鸡蛋液，烤制成吐司后，口感就由原来的松软变得软塌塌、黏糊糊。特别推荐甜点系列法式吐司，它使用了各种水果、奶油等，既营养，又美味。

迷你丹麦酥油吐司　　英式小松饼

酒店面包　　　英式吐司

## 变换吐司浸鸡蛋液的方法

做法式吐司时浸鸡蛋液的方法有很多种：从快速将吐司表面裹上一层鸡蛋液到将其整个晚上都一直浸在鸡蛋液里……在此传授给大家短时间内就能使吐司浸好鸡蛋液的秘密大招！

### 基本时间：10分钟

这是本书经常使用的最基本的方法。如果是6片装的吐司的话，只需10分钟就可以充分浸透鸡蛋液，一面泡5分钟，5分钟后翻面即可。

吐司的一面浸5分钟，翻面继续浸5分钟。

例如在这道食谱里

以P8的基本法式吐司、使用的是6片装的吐司。

### 轻泡：1分钟

以下情况推荐大家使用这种方法：使用杂粮吐司、葡萄干吐司等加了辅料的吐司时，涂上奶油等做成三明治以后再烤。

用夹子夹住面包片，快速蘸一层鸡蛋液。

例如在这道食谱里

正如在P43奶酪和草莓夹心法式吐司所示。把配品做成三明治后烤制。

### 充分浸泡：一个晚上

想让厚切片面包（厚约4cm）充分浸透鸡蛋液时可以用此种方法。需要注意的是，薄面包浸泡时间过长，则会溶解在鸡蛋液里，因此不能使用此种方法。这种方法仅仅限于厚片吐司和除百吉饼外的其他硬式面包。

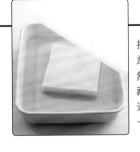

把面包和鸡蛋液放入密闭容器，然后放入冰箱冷藏约6小时后翻过来继续浸泡另一面。

例如在这道食谱里

正如在P29松软暄腾的厚片法式吐司所示。做成松软的法式吐司。

秘密大招

## 瞬间就能浸好鸡蛋液！

想马上就能吃到！吐司要浸透蛋液！秘密大招可以让你所有任性的想法变成现实。

● 用微波炉加热

把吐司和鸡蛋液放入耐高温的深口盘子，盖上保鲜膜，放入微波炉加热一分半钟。

把吐司翻过来，盖上保鲜膜再用微波炉加热1分钟，然后直接放入平底煎锅直接煎即可。

● 把面包切成小块

把吐司分成大小相等的9份，这样能增加吐司接触鸡蛋液的面积，有利于鸡蛋液渗入吐司。烤制方法与基本法式吐司的相同。

FRENCH TOAST

13

## 法式吐司不同的烤制方法

法式吐司可以根据面包种类、厚度以及喜欢的口感自由使用不同的煎制方法。接下来也会给大家介绍用烤箱烤甜品的方法。

### 用平底煎锅

有各种各样的煎制方法：盖锅盖或不盖锅盖；用黄油煎得吱吱啦啦；用稍多点油煎炸等等。

例如在这道食谱里

**盖上锅盖慢慢煎**
这是基本的煎制方法。先不盖锅盖，把一面煎成金黄色，然后用锅铲翻面，盖上锅盖慢慢煎制。

P8的基本法式吐司等很多类型的吐司。

例如在这道食谱里

**不盖锅盖**
只是表层快速蘸满鸡蛋液的面包，煎时两面都不需要盖锅盖，可以煎得外酥内软。

例如使用夹核桃仁吐司的P56担担面风味法式吐司等。

例如在这道食谱里

**多用点油煎炸**
喜欢味道浓厚的话，可以用色拉油代替黄油。

用花生酱做成三明治。例如P34港式风味法式吐司。

### 使用烤箱

把吐司放入烤箱专用盒，然后倒入调好的鸡蛋液，放入烤箱里慢慢烤。

例如在这道食谱里

把吐司切成棱角分明的小块，装入奶油蛋糕模具或者耐高温容器，倒入调好的鸡蛋液，直接放入烤箱烤即可。

把干果、吐司小块和鸡蛋液装入烤箱专用盒后放入烤箱，最后就烤成了像蛋糕的法式吐司，例如P36的法式吐司布丁等。

FRENCH TOAST

## 保存

做法式吐司时调多了鸡蛋液用不完，或者烤了很多吐司一次无法吃完。
如何保存多余的鸡蛋液或者法式吐司？下面就给大家介绍如何在既不破坏吐司的口感，又能保留原来的香甜美味的前提下保存吃剩的法式吐司。

### 吐司浸好鸡蛋液放入冰箱冷冻保存

　　鸡蛋液剩余不多时可以使用此法。用别的吐司把鸡蛋液吸收完全后放入冰箱冷冻室冷冻。注意需要在两周内吃完。

把吸完蛋液的吐司放入密封袋，挤压出里面的空气后密封冷冻。

吃的时候……

**自然解冻或者干脆直接烤**

　　准备吃的前一天，从冰箱冷冻室拿出吐司自然解冻；或者平底煎锅放入黄油，等黄油融化后直接放入冷冻的吐司，用小火慢慢煎即可。

### 做成吐司冷冻保存

　　做好的吐司不能马上吃完时，散去余热，用保鲜膜包好，放入密封袋后放入冰箱冷冻保存。吃的时候立等可好，可以在匆忙的早晨当作早餐。注意需要在两周内吃完。

把吐司用保鲜膜一片片独立裹好，然后装入密封袋。

吃的时候……

**用微波炉加热**

　　从密封袋取出吐司放入盘子用微波炉加热。也可以从冰箱拿出解冻后涂上鲜奶油或者放上水果，做成三明治。

### 吃不完时放入冰箱冷藏

　　吐司吃不完时，散去余热，用保鲜膜封好放入冰箱冷藏，请在两天内吃完。

为了防止面包失去水分，变得干硬，要仔细裹好保鲜膜。

吃的时候……

**用微波炉或者烤面包机加热**

　　可以裹着保鲜膜直接放入微波炉加热。直接用烤面包机重新烤的话，吐司表层会变得又酥又脆。

**FRENCH TOAST**

15

# 烤制最基础的热三明治

因食谱不同，面包、配料也会不同，但是基本的工序都是一样的。

## 【火腿芝士热三明治】

## 1 道具

所需道具有如下几种。本书使用的都是明火加热类型的三明治烤具，也可以使用电子三明治机。如果这两种都没有的话，请参照P18的方法煎制。

①热三明治烤具
②V形夹子
③切面包用的刀子
④切菜板

有刷子会很方便！

刷子（硅素材质）
向三明治烤箱容器刷油时，如果有刷子的话会非常方便。

## 2 材料

准备好吐司两片、黄油以及3种夹在吐司里的食材。分量可以大体估算。可以根据个人口味适当添减。

吐司（6片装）2片
*辅料
| 火腿　2片
| 薄片芝士　1片
*涂抹酱料
| 黄油　适量

6片装的吐司是最基础的，也可以根据个人喜好选择其他种类的面包。

## 3 夹配料

把吐司上涂满黄油，然后夹入各种配料。配料快要掉出来时，可一手拿一片面包，双手合掌即可夹住要掉出的配料。

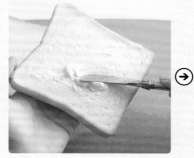 

做三明治时，把吐司里侧一面仔细涂满黄油。

为了不让配料掉出来，要干脆利落地合上两片面包，做成三明治。

## 4 烤三明治

把夹好配料的面包放入三明治烤具，然后把伸出部分紧紧压入烤具，这样烤出的三明治不仅可口美味，而且韧性十足。烤时需要边观察吐司的颜色边烤。

**POINT 喜欢酥脆口感时**

想让三明治表层又酥又脆的话，在放入烤具之前，先用刷子在烤具上抹上一层色拉油或者黄油。

**1** 夹住吐司，用手把伸出的部分用劲夹进烤具。

**2** 用弱中火加热1–2分钟。

**3** 翻过来后打开烤具，确认烤的颜色。如果烤得很好的话，另一面也同样操作。

**4** 烤1–2分钟后确认烤的颜色，烤好就用V形夹子取出来。

## 5 切

可以直接吃，也可以根据个人喜好切成喜欢的样子。想让三明治馅露出来的话，按照配料摆放的方向垂直切，就能切成非常漂亮的横切面。

● 沿着压痕

沿着三明治烤具的压线切。

● 与压痕垂直

与三明治烤具的压线垂直切。

# 热三明治训练教室

除了使用明火三明治烤具烤制以外，还有很多方法。没有三明治烤具的话，请您一定参照下列方法。

## 各种各样的烤制方法

下面给大家介绍使用电子三明治烤具或者干脆不用三明治烤具制作热三明治的技巧。

### 用电子三明治烤具

烤法与明火三明治烤具相同。

**1** 把夹入配料的面包放入烤具。如果面包太大可以切掉面包边缘部分。

**2** 边烤边观察吐司颜色，根据自己的喜好掌握火候。

### 使用烤面包机

#### ①用杯子

把杯子按入夹了配料的面包，压成杯子形状，然后用烤面包机烤。在面包的杯形压痕上涂上水，可以起黏着剂的作用。

**1** 把杯子轻轻按在面包片上，形成一个杯形的压痕。

**2** 在杯形压痕圈内放入配料，然后沿着压痕用手指蘸水划线。

**3** 在上面盖上一片面包做成三明治，然后用杯子用力下压。

**4** 用刀子沿着杯子边缘用力切成杯形面包。

**5** 用烤面包机烤成自己喜欢的颜色。

#### ②用叉子

这种方法就是把叉子按在两片面包接合的地方。要点是在面包结合的地方涂上水。

**1** 用手指蘸水涂在一片面包边上。（只涂一片面包即可）

**2** 把配料加入面包，为了防止配料露出，用手均匀按压面包。

**3** 把面包周边用叉背压紧。

**4** 放入烤面包机烤成自己喜欢的颜色。

HOT SANDWICH

# 保存

做了很多热三明治吃不了怎么办？下面介绍一些三明治的保存方法。

## 烤前冷冻保存

把下述配料加入面包后放入冰箱的冷冻室。除此以外的菜谱，特别是有汤汁或者不宜保存的食材请注意不能冷冻保存。请在1周内吃完。

●可以冷冻的食谱
P62炒面热三明治、P63披萨热三明治、P68葡萄干拌胡萝卜热三明治、P70剩咖喱&豆粒三明治、P84韩式烤肉热三明治、P90烤鸡肉串罐头热三明治。

吐司夹进配料后用保鲜膜包好放入密封的塑料袋，然后放入冷冻室冷冻。

吃的时候⋯⋯

**先在冷藏室解冻，然后烤制。**

准备吃的前一天放入冷藏室解冻，吃的时候直接放入热三明治烤具烤制即可。

## 烤后冷冻保存

不能马上吃的时候，可以用保鲜膜包好放入密封的塑料袋，然后放入冷冻室冷冻。注意这种方法仅限于可以冷冻的面包，并且需要在1周内吃完。

●可以冷冻的食谱
与"烤前冷冻保存"的食谱相同。要特别避开有汤汁和生的食物。

用保鲜膜一个一个完全包好后放入密封的塑料袋。

吃的时候⋯⋯

**用微波炉加热**

把塑料袋里的三明治拿出放到盘子里，带着保鲜膜直接用微波炉加热即可。

## 吃不完时冷藏保存

无法吃完的部分直接放入冰箱的冷藏室冷藏。请在次日内吃完。

为了防止面包失去水分，变得干硬，要仔细裹好保鲜膜后放入冷藏室。

吃的时候⋯⋯

**用微波炉加热**

带着保鲜膜直接用微波炉加热即可。如果用烤面包机重新烤的话，三明治表层会变得又酥又脆。

# 添加沙司和奶油会更加美味!

**for FRENCH TOAST** 请把沙司放在做好的法式吐司上。

## 橙皮巧克力沙司

制作方法◎把一片45克的巧克力用沸水烫化,然后加入一大匙橙皮果酱和一大匙细细切成碎末的橘子皮,混合搅拌即可。

## 蜂蜜黄油

制作方法◎把4大匙黄油软化成奶油状,然后加入2大匙蜂蜜,混合搅拌。

## 火腿泥

制作方法◎把40克里脊火腿细细切成碎末,与50克酸味奶油和40克奶油奶酪混合搅拌。

## 芒果薄荷奶油

制作方法◎50克奶油奶酪加入1大匙蜂蜜搅拌,然后把1片芒果干和1杯荷兰薄荷细细切成碎末,加入搅拌好的蜂蜜奶油奶酪,混合搅拌即可。

## 洋菝葜沙司

制作方法◎把四分之一个洋葱、半个西红柿和一个圆青椒切成细小碎块,半个胡萝卜切成细细的碎末。大碗里加入大半匙柠檬汁,1小匙芥末粒,半小匙蜂蜜,加入少许洋苏(最好用干的)后搅拌混合,然后加入切好的蔬菜,再加入少许的盐和胡椒调味即可。

## 牛奶糖沙司

制作方法◎把牛奶糖7颗(约35克)和2小匙朗姆酒放入耐高温的碗里,然后在微波炉里加热20秒后用汤匙背面把牛奶糖碾碎搅拌。同样动作重复4次,第二次以后不用盖保鲜膜,加热20秒就搅拌一次。(配图片的制作方法请参照P31)

只要有这个，无论何时都能把简单食谱变成豪华大餐！

接下来给大家介绍各种各样的法式吐司、热三明治，我们可以自由组合，例如把法式吐司的沙司加在热三明治上等等，变化出美味无比的美食。

※ 简便易于操作的分量

for
HOT
SANDWICH

可以抹在烤前的吐司上，也可以加在烤好的吐司上。

**甜芝士奶油**

制作方法◎200ml鲜奶油加入2大匙白砂糖，打至硬性发泡，用打蛋器挑起奶油，奶油能直立起来，加入100克提拉米苏搅拌（加热过度的话会溶解，所以要么做成三明治，缩短烤的时间，要么直接加在做好的吐司或者三明治上）。

**蜂蜜酱**

制作方法◎4大匙酱加入2大匙蜂蜜搅拌（推荐大家P58介绍的与法式吐司的搭配组合。）

**大蒜黄油**

制作方法◎大蒜泥加盐搅拌后放置 大 约10分钟，加入加热变软的黄油搅拌即可。

**蜂蜜芥末沙司**

制作方法◎芥末3大匙、蜂蜜3大匙、蛋黄酱2大匙，混合搅拌。

**芥末蛋黄酱**

制作方法◎把2小匙芥末、1小匙芥末粒和2大匙蛋黄酱混合搅拌即可。

**香草黄油**

制作方法◎百里香（生）、迷迭香（生）分别切碎后各准备1大匙备用。50克黄油加热变软后加入准备好的备料搅拌。（可以选择自己喜欢的香草，例如荷兰芹等）

## 用剩余的面包边做小点心

　　做法式吐司、热三明治时会切下很多面包边，我们可以用这些面包边做一些简单的小点心。可以用油煎成面包碎直接吃，也可以放在色拉上或者汤里。

### 简易脆面包片

制作方法
**1** 把适量主食面包边切成4~5厘米长，用已经150度预热的烤箱加热10分钟使其变得松脆。
**2** 在一片面包（内侧）上涂少许黄油，然后撒上少许白糖，再次用150度的烤箱烤15钟左右即可。

### 油煎碎面包片

制作方法
在适量面包边上涂上适量的黄油，然后切成一口大小，再用已经150度预热的烤箱加热10分钟，面包会变得酥脆无比。

### 油条

制作方法
**1** 把适量主食面包边切成4~5厘米的长度。平底煎锅倒入深度约2厘米的色拉油，用170度热油煎至面包边变成橘红色。
**2** 捞出控油，趁热撒上白砂糖。

# PART 2
## 法式吐司食谱

FRENCH
TOAST

**001**

# 浆果法式吐司

撒上各种各样颜色浆果的法式吐司时髦而精致，在浆果爽利的酸味中萦绕着果子露甜甜的味道。法式吐司上面的浆果可以根据自己的喜好自由搭配。

FRENCH TOAST

简单，却可爱

牛奶鸡蛋液

  +

吐司（6片装）　　覆盆子　　　蓝莓　　　草莓　　　枫糖　　　绵白糖

## 材料（2人份）

吐司（6片装） 2片

A

| 鸡蛋　1枚
| 砂糖　1大匙
| 牛奶　100ml

黄油　2大匙

＊配料

| 覆盆子　10颗左右
| 蓝莓　30颗左右
| 草莓　（中间切开）2—3个
| 枫糖　适量
| 糖粉　少许
| 粉砂糖　少许

## 制作方法

1　把A栏中所有材料倒入大碗中搅拌混合。把面包摆放在方底平盘后倒入搅拌好的食材，浸5分钟。翻过来继续浸5分钟。

2　平底煎锅加热前放入一半黄油，然后用中火加热，黄油融化后加入1（浸好蛋液的面包，下同）的一半，然后改为弱中火继续加热1—2分钟，直至面包烤成焦黄色。

3　把面包翻过来，用锅铲稍微移动面包片，然后盖好锅盖，加热1—2分钟，直至面包煎成金黄色。剩下的面包如法炮制即可。

4　把烤好的吐司放入盘子，淋上枫糖，加上浆果，最后用滤茶网撒上绵白糖即可。

根据个人喜好再添上打泡奶油，味道会变得更丰富。推荐能在打蛋器尖端站立起来的硬性发泡奶油。砂糖用量可以按照200ml配2大匙的比例，也可根据个人口味。

## POINT

### 请根据个人喜好选择面包种类!

制作法式吐司的面包也可以选择食谱以外的面包。请轻松愉快地尝试你家中已有的面包或者认为看起来很美味的东西。例如：味道丰富的丹麦酥皮面包、酒店面包很适合制作有很多浆果的吐司。蛋液剩余时，可以用面包片吸收剩余的蛋液后冷冻起来。（参照P15）

迷你丹麦酥皮面包

酒店面包

# 002

# 肉桂法式吐司

肉桂甜辣的香味令人无限眷恋。
肉桂法式吐司既可以搭配咖啡，也可以搭配红茶，是道速成菜。
虽然很简单，却让人越吃越想吃。

## 材料（2人份）

吐司〔6片装〕 2片
A

| 鸡蛋 1枚
| 砂糖 1大匙
| 牛奶 100ml
黄油2大匙
＊配料
| 枫糖 适量
| 肉桂粉 少许

## 制作方法

1 把A栏中所有材料倒入大碗中搅拌混合。把面包摆放在方底平盘后倒入搅拌好的食材，浸5分钟。翻过来继续浸5分钟。

2 平底煎锅加热前放入一半黄油，然后用中火加热，黄油融化后加入1的一半，然后改为弱中火继续加热2-3分钟，直至面包煎成金黄色。

3 把面包翻过来，用锅铲稍微移动面包片，然后盖好锅盖，加热2-3分钟，直至面包烤成焦黄色。剩下的面包如法炮制即可。

4 把烤好的吐司放入盘子，在吐司上撒上枫糖和肉桂粉。

牛奶鸡蛋液

 +

吐司（6片装）　　枫糖　　肉桂粉

# 003

# 香蕉法式吐司

这款吐司加入了大家非常喜欢的巧克力酱和香蕉。
大家可以根据自己的喜好撒很多很多的果酱巧克力。
不管是趁热吃还是冷藏了吃，都美味无比。

FRENCH TOAST

## 材料（2人份）

吐司（6片装） 2片
A
┃ 鸡蛋 1枚
┃ 砂糖 1大匙
┃ 牛奶 100毫升
黄油2大匙
＊配料
┃ 香蕉 2根
┃ 巧克力酱 适量

## 制作方法

1 把A栏中所有食材倒入大碗中搅拌混合。把面包摆放在方底平盘后倒入搅拌好的食材，浸5分钟。翻过来继续浸5分钟。

2 平底煎锅加热前放入一半黄油，然后用中火加热，黄油融化后加入1的一半，然后改为弱中火继续加热1–2分钟，直至面包煎成金黄色。

3 把面包翻过来，用锅铲稍微移动面包片，然后盖好锅盖，加热1–2分钟，直至面包烤成焦黄色。剩下的面包如法炮制即可。

4 把烤好的吐司放入盘子，把竖着切成两半的香蕉放在吐司上，然后淋上巧克力酱即可。

牛奶鸡蛋液

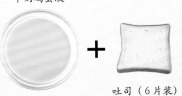

＋

吐司（6片装） 香蕉 巧克力酱

27

# 苹果法式吐司

热腾腾的苹果法式吐司上面冒着冷气的冰激凌在慢慢融化，这真是个让人感到开心又意外的食物组合。

吐司蘸着融化了的冰激凌刺激着你的味蕾和感官。

## 材料（2人份）

吐司（6片装） 2片
A
| 鸡蛋 1枚
| 白糖 1大匙
| 牛奶 100ml
黄油 2大匙

＊配料
嫩煎苹果
| 苹果 1个
| 黄油 1大匙
| 砂糖 1大匙
| 水 1小匙
| 葡萄干 2大匙
香草冰激凌 适量
※方便制作的分量

牛奶鸡蛋液

+

吐司（6片装）

苹果　葡萄干
香草冰激凌

## 制作方法

1 把A栏中所有材料倒入大碗中搅拌混合。把面包摆放在方底平盘后倒入搅拌好的食材，浸5分钟。翻过来继续浸5分钟。

2 面包泡在蛋液期间，可以制作嫩煎苹果。把苹果分成4份，取出苹果核，带着果皮切成很薄的薄片。在平底煎锅中的黄油融化后，加入苹果不停翻转，用中火加热2—3分钟。

3 稍微着色后加入剩余的材料，一直煮至黏稠如奶糖状。

4 平底煎锅加热前放入一半黄油，然后用中火加热，黄油融化后加入1的一半，然后改为弱中火继续加热1—2分钟，直至面包煎成金黄色。

5 把面包翻过来，用锅铲稍微移动面包片，然后盖好锅盖，加热1—2分钟，直至面包烤成焦黄色。剩下的面包如法炮制即可。

6 把烤好的吐司放入盘子，根据个人喜欢的分量把放在吐司上，然后再放上香草冰激凌即可。

# 松软厚切片法式吐司

这是道酒店级别的丰盛豪华的厚吐司,
充分吸收鸡蛋液,烤得香甜松软。
入口即化的口感让你一吃就会上瘾。

FRENCH TOAST

## 材料（2人份）

吐司（4cm厚） 2片
A
| 鸡蛋 1枚
| 砂糖 1大匙40克
| 牛奶 600毫升
黄油 2大匙
＊配料
| 枫糖 适量

牛奶鸡蛋液

吐司（4cm厚） 枫糖

## 制作方法

1 把A栏中所有食材倒入大碗中搅拌混合。把切掉边角的面包片摆放在方底平盘后,倒入搅拌好的食材,浸泡6小时。翻过另一面再浸泡6小时。

2 平底煎锅加热前放入一半黄油,然后用中火加热,黄油融化后加入1的一半,然后改为弱中火继续加热3–4分钟,直至面包煎成金黄色。

3 把面包翻过来,用锅铲稍微移动面包片,然后盖好锅盖,煎3–4分钟,直至面包煎成金黄色。剩下的面包如法炮制即可。

4 把烤好的吐司放入盘子,在吐司上淋上枫糖。( 凉了的话,松软膨胀的面包会缩了下去,要趁热吃 )

最初会觉得倒入的鸡蛋液略多了些,如果吐司一直浸泡在里面的话,最终会吸收掉所有的鸡蛋液。

# 奶糖法式吐司

接下来给大家简单地介绍一道面包店级别的吐司——奶糖法式吐司。牛奶糖蘸上融化成糊状的冰激凌，二者甜蜜的协调感令人神魂颠倒。

不快点吃，冰激凌会化掉的！

牛奶鸡蛋液

英式吐司　　牛奶糖　　朗姆酒　　香草冰激凌

## 材料（2人份）

英式吐司　2片
A
　鸡蛋　2个
　白砂糖　2大匙
　牛奶　200ml
黄油　2大匙
＊配料
　牛奶糖沙司
　　牛奶糖　7颗（约35g）
　　朗姆酒　2小匙
　　水　1小匙
　香草冰激凌　适量

饱含溶化的冰激凌和牛奶糖沙司的吐司，酥软爽口，美味得令你忍不住想尖叫。

## 制作方法

1 把A栏中所有材料倒入大碗中搅拌混合。把面包摆放在方底平盘后倒入搅拌好的食材，浸5分钟。翻过来继续浸5分钟。

2 面包片泡蛋液的这段时间可以制作牛奶糖沙司备用。把制作沙司的材料全部放入耐高温的大碗里，盖上保鲜膜后放入微波炉加热20秒。用叉子背面把牛奶糖碾碎，搅拌。然后再放入微波炉加热20秒，同样动作重复4次。注意从第二次开始放入微波加热时都不用再盖保鲜膜。

3 平底煎锅放入一半黄油，然后用中火加热，黄油熔化后加入1的一半，然后改为弱中火继续加热1–2分钟，直至面包煎成金黄色。

4 把面包翻过来，用锅铲稍微移动面包片，然后盖好锅盖，加热1–2分钟，直至面包烤成焦黄色。剩下的面包如法炮制。

5 把烤好的吐司放入盘子，把冰激凌放在吐司上，再淋上2即可。

2-1

制作牛奶糖沙司时，只有第一次需要轻轻地盖上保鲜膜。

2-2

第一次加热后，牛奶糖还很硬。可以用叉子背面把糖块碾碎，继续加热至溶化。

2-3

最后一次加热后，牛奶糖已经完全溶化，沙司的颜色比加热前要深，制作完成。

# 夏威夷风味法式吐司

夏威夷风味法式吐司不仅有大量的鲜奶油，还有丰富的水果，是道广受欢迎的华丽美食。椰子的香味带有浓郁的南国风情。

## 材料（2人份）

吐司（6片装）2片

A

| 鸡蛋　　2个
| 白砂糖　2大匙
| 牛奶　　200ml

黄油　2大匙

＊配料

| 芒果（约一口大小）　约10片
| 菠萝（切好）　约6片
| 红提子　约两串
| 香蕉（切成圆片状）　1根
| 鲜奶油　适量
| 椰子果（长的）　适量
| 枫糖　适量

※也可以选择自己喜欢的覆盆子、草莓等浆果。

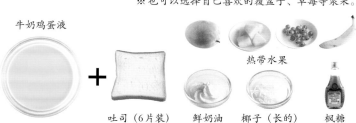

牛奶鸡蛋液

吐司（6片装）　鲜奶油　椰子（长的）　枫糖

热带水果

## 制作方法

1 把A栏中所有材料倒入大碗中搅拌混合。把面包摆放在方底平盘后倒入搅拌好的食材，浸5分钟。翻过来继续浸5分钟。

2 平底煎锅放入一半黄油，然后用中火加热，黄油融化后加入1的一半，然后改为弱中火继续加热1—2分钟，直至面包煎成金黄色。

3 把面包翻过来，用锅铲稍微移动面包片，然后盖好锅盖，加热1—2分钟，直至面包烤成焦黄色。剩下的面包如法炮制。

4 把烤好的吐司放入盘子，把鲜奶油在吐司上挤成漂亮的形状，放上各类水果，撒上椰子果，淋上枫糖，美味的夏威夷风味法式吐司就新鲜出炉了。

# 008

# 柠檬黄油法式吐司

散发着柠檬清爽的味道，配上雅致的盘子，法式吐司淡淡的甜味与柠檬的酸味极相配。配上红茶，可以用来招待客人。

## 材料（2人份）

吐司(4片装) 2片
A
| 鸡蛋 2个
| 白砂糖 2大匙
| 牛奶 200ml
黄油 2大匙

＊配料
| 柠檬黄油
| 黄油 50克
| 柠檬汁 1小匙
| 柠檬皮(剥掉的) 半个
| 柠檬圆薄切片 4片
| 柠檬皮(磨碎) 半个
| 薄荷(鲜的,如果有的话) 适量

## 制作方法

1 把A栏中所有食材倒入大碗中搅拌成牛奶鸡蛋液。把去掉边角的面包摆放在方底平盘后倒入搅拌好的食材，浸6个小时。翻过来继续浸泡6小时。

2 面包片泡蛋液的这段时间可以制作柠檬黄油备用。把柠檬汁、柠檬皮放入弄软了的黄油，搅拌。

3 平底煎锅放入一半黄油，然后用中火加热，黄油融化后加入1的一半，然后改为弱中火继续加热1-2分钟，直至面包煎成金黄色。

4 把面包翻过来，把柠檬片放在烤好的这面上，用锅铲稍微移动面包片，然后盖好锅盖，加热1-2分钟，直至面包烤成焦黄色。剩下的面包如法炮制。

5 把烤好的吐司放入盘子，加上柠檬黄油，撒上柠檬皮，如果有薄荷的话加点薄荷，清爽、美观的柠檬黄油法式吐司就做好了。

牛奶鸡蛋液

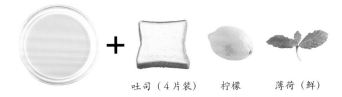

吐司（4片装）　　柠檬　　薄荷（鲜）

**009**

# 港式风味法式吐司

法式吐司还可以做成香港茶餐厅的茶点。

烤得香喷喷的吐司中间加上花生酱，做成三明治。

再挤上很多炼乳，不留心就会吃撑噢！

醇厚浓郁，吃
一次就迷恋上
的味道！

牛奶鸡蛋液

英式吐司　　花生酱　　炼乳

## 材料（2人份）

英式吐司　2片

A

| 鸡蛋　2个
| 白砂糖　2大匙
| 牛奶　200ml

花生酱　2大匙

色拉油　适量

＊配料

| 炼乳　适量

软软的花生酱，配上浓香的炼乳，真是无上的美味。

## 制作方法

1 把一片吐司涂上花生酱，用另一片吐司盖上做成三明治。

2 把A栏中所有食材倒入大碗中搅拌混合成牛奶鸡蛋液。把吐司摆放在方底平盘，然后把搅拌好的食材倒入平盘，吐司在牛奶鸡蛋液中浸10分钟，翻过来另一面继续浸泡10分钟。

3 平底煎锅内多放些黄油加热，然后把浸好的吐司放入锅中煎烤，用锅铲两面来回翻动吐司，5-6分钟后，吐司煎成金黄色。

4 把烤好的港式法式吐司切成两半装盘，挤上炼乳即可。

**1**

为了两片吐司能完全粘在一起，花生酱要涂满、涂均匀。如果涂到吐司外面的话，花生酱会烤焦，所以要仔细涂抹。

**2**

吐司和花生酱做成三明治，然后浸入牛奶鸡蛋液。这次用的吐司比平常使用的要厚些，所以浸蛋液的时间也要相对加长。

**3**

为了煎得颜色恰到好处，要多放油煎炸。

**010**

# 法式吐司布丁

把吐司放入烤箱专用盒，倒入鸡蛋液后用烤箱烤，就变身为吐司布丁风情的甜点吐司。把法式吐司切好装盘，就成了下图美味无比的绝品。

FRENCH TOAST

法式吐司变身为
一碟甜品

牛奶鸡蛋液

迷你丹麦酥油　　　各类干果　　　鲜奶油
面包

**材料（8 × 18 × 高 6 cm 烤箱专用盒 1 个）**

迷你丹麦酥油面包　1 斤

A

| 鸡蛋　2 个
| 白砂糖　2 大匙
| 牛奶　200ml

各式干果（※）50g

＊配料

| 鲜奶油　适量
| 绵白糖　少许
| 鲜莳萝（如果有的话）　适量

※ 可以根据个人喜好变换干果。如果使用的干果比较大，可以将其切成 5 毫米的小块。

## 制作方法

1　把吐司切成 4cm 的小块。把 A 栏中所有材料倒入大碗中搅拌混合成牛奶鸡蛋液。

2　把 1 中的吐司装入烤箱容器中，然后撒满各式干果。

3　把搅拌好的食材倒入烤箱专用盒，静置约 10 分钟。

4　把炕炉上盖的平板上洒上热水后把 3 放上去，然后放到 180 度预热的烤箱里烤大约 40 分钟。

5　从烤箱取出后放置散热，余热散去后可用刀子沿着容器的边缘切割，取出吐司后分切成数块即可。

6　把烤好的吐司放入盘子，加上鲜奶油，用滤茶网撒上糖粉即可。如果有鲜莳萝的话最后放点，味道会更好。

这是从烤箱容器里拿出后的形状。把吐司装入烤箱容器时，塞得紧紧的能形成一个漂亮、整齐的断面。

为了让每个部分都有干果，要一边朝烤箱容器里塞吐司，一边撒干果。

为了让每个吐司都能沾到蛋液，浇鸡蛋液时要压均匀。

这是烤得恰到好处的状态。不要直接从盒子里拿出来，一直放置到没有余热为止。

# 011

# 布丁做的法式吐司

这道食谱是个绝妙的构思，把布丁融化制成蛋液！
这道食谱的巧妙之处是不用烤布丁，而是用明胶做的果冻。
看上去是法式吐司，一尝却是布丁的口感。

## 材料（2人份）

吐司（6片装） 2片
A
布丁（超市贩卖品）
170g
牛奶 50ml
黄油 2大匙

## 制作方法

1 把A栏中所有材料倒入耐高温的容器，包上保鲜膜放入微波炉加热约2分钟，然后搅拌使果冻融化。

2 把面包摆放在方底平盘后直接倒入1，可以热着直接倒进去，浸5分钟。翻过来继续浸5分钟。

3 平底煎锅放入一半黄油，然后用中火加热，黄油融化后加入2的一半，然后改为弱中火继续加热1–2分钟，直至面包煎成金黄色。

4 把吐司翻过来，用锅铲稍微移动面包片，然后盖好锅盖，烤1–2分钟，直至面包烤成焦黄色。剩下的吐司如法炮制即可。

布丁（超市贩卖品） 便利店购买！

+

吐司（6片装）

# 012

# 提拉米苏法式吐司

可可风味的法式吐司配上提拉米苏。

百吉饼质地结实坚韧，与绵软柔滑的提拉米苏一起食用，把坚韧与绵软口感的结合演绎到极致。

FRENCH TOAST

## 材料（2人份）

百吉饼　2个

A

　鸡蛋　1个
　白砂糖　1大匙
　牛奶　100ml
　可可粉　1大匙

黄油　2大匙

＊配料

　提拉米苏（超市贩卖品）　1个

## 制作方法

1 把百吉饼切成两半。把A栏中所有材料倒入大碗中搅拌混合成可可鸡蛋液。 然后把搅拌好的食材倒入方底平盘，百吉饼快速沉入鸡蛋液，轻轻浸泡。

2 平底煎锅放入一半黄油，然后用中火加热，黄油融化后把1的一半入锅摆放好，用微弱中火加热2-3分钟，直到吐司煎成金黄色。

3 把面包翻过来，用锅铲稍微移动面包片，然后盖好锅盖，烤1-2分钟，直至面包烤成金黄色。剩下的面包如法炮制。

4 把烤好的吐司装盘，放上提拉米苏。

可可鸡蛋液

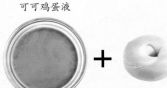

＋

便利店
购买！

百吉饼　　提拉米苏
（超市贩卖品）

**013**

# 夹心面包法式吐司

夹心面包法式吐司是利用便利店常见的夹心面包做成的吐司。
要恰到好处地把握好面包夹的花生酱和鸡蛋液的火候。
用夹心果酱、夹心奶油类的夹心面包做出的也很美味。

## 材料（2人份）

夹心面包
　（花生酱类）　4个
A
　鸡蛋　1个
　白砂糖　1大匙
　牛奶　100ml
黄油　2大匙

## 制作方法

1. 把A栏中所有材料倒入大碗中搅拌混合备用。把面包摆放在方底平盘后直接倒入搅拌好的食材，浸泡3分钟。翻过来另一面继续浸3分钟。
2. 平底煎锅放入一半黄油，然后用中火加热，黄油融化后加入1的一半，然后改为弱中火继续加热1–2分钟，直至面包煎成金黄色。
3. 把面包翻过来，用锅铲稍微移动吐司，盖好锅盖，烤1–2分钟，直至面包烤成金黄色。剩下的面包如法炮制。

牛奶鸡蛋液

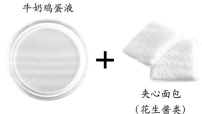

便利店购买！

＋

夹心面包
（花生酱类）

**014**

# 蜂蜜蛋糕法式吐司

吃剩且已经变硬的蛋糕也可以做成法式吐司。蛋糕浓郁的鸡蛋香味会让吐司变身成奢华的点心。裹上精制白砂糖的蜂蜜蛋糕吐司精巧雅致，非常可爱。

## 材料（2人份）

蜂蜜蛋糕（1.5cm厚）　4个

A

| 鸡蛋　1个
| 牛奶　100ml

黄油　2大匙

＊配料

| 精制白砂糖　适量

## 制作方法

1 把A栏中所有材料倒入大碗中搅拌混合成牛奶鸡蛋液，备用。把蛋糕摆放在方底平盘后倒入搅拌好的食材，浸泡2分钟。翻过来另一面继续浸3分钟。

2 平底煎锅放入一半黄油，然后用中火加热，黄油融化后加入1的一半，改为弱中火继续加热1–2分钟，直至面包煎成金黄色。

3 把蛋糕翻过来，不盖锅盖，烤1–2分钟，直至面包烤成金黄色。剩下的面包如法炮制。

4 烤好的吐司裹上精制白砂糖，放入碟中。

牛奶鸡蛋液

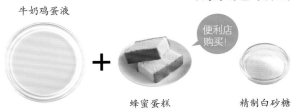

便利店购买！

蜂蜜蛋糕　　　　精制白砂糖

## 015

# 水果盛宴法式吐司

这是一款堆满丰盛水果的豪华吐司大餐。吐司上面放满各式与之相配的水果。水果请大家选用应季水果。

## 材料（2人份）

酒店面包　2片
A
｜鸡蛋　1个
｜白砂糖　1大匙
｜牛奶　100ml
黄油　2大匙

＊配料
｜猕猴桃（绿色 金黄色）
｜各半个
｜橙子（薄切片）　约2片
｜薄荷（生）　适量
｜枫糖　适量
｜绵白糖　适量

## 制作方法

1. 把A栏中所有材料倒入大碗中搅拌混合。把面包摆放在方底平盘后倒入搅拌好的食材，浸泡5分钟。翻过来继续浸5分钟。

2. 平底煎锅放入一半黄油，然后用中火加热，黄油融化后加入1的一半，然后改为弱中火继续加热1-2分钟，直至面包煎成金黄色。

3. 把面包翻过来，用锅铲稍微移动面包片，然后盖好锅盖，继续烤1-2分钟，直至面包烤成焦黄色。剩下的面包如法炮制。

4. 把烤好的吐司放入盘子，撒上切好的各式水果和薄荷，淋上枫糖，最后用滤茶网撒上白砂糖，丰盛的水果盛宴法式吐司就完成了。

牛奶鸡蛋液

＋

宾馆面包

应季水果

鲜薄荷

枫糖

绵白糖

# 016

# 奶酪草莓夹心法式吐司

奶油芝士与草莓极其相配。我们可以把芝士和草莓直接放在吐司上，但是如果把这二者夹在吐司片里，做成夹心吐司，会给你带来全新的美食体验。

## 材料（2人份）

迷你葡萄干吐司　4片

A

| 鸡蛋　1个
| 白砂糖　1大匙
| 牛奶　100ml

黄油　2大匙

奶油芝士　3大匙

草莓　2个

牛奶鸡蛋液

　＋　　　

迷你葡萄干吐司　　奶油芝士　　草莓

## 制作方法

1 拿起一片吐司，在其一面上涂满奶油芝士后在上面铺上切成薄片的草莓，然后盖上另一片吐司做成三明治。把A栏中所有材料倒入大碗中搅拌混合。把搅拌好的食材倒入方底平盘，把做好的三明治轻轻浸泡在蛋液里。

2 平底煎锅放入一半黄油，然后用中火加热，黄油融化后加入1的一半，改为弱中火继续加热1分钟。用手轻轻按着，以防止吐司分开脱落，直至面包煎成嫩黄色。

3 把面包翻过来，用锅铲稍微移动面包片，然后盖好锅盖，继续烤大约1分钟，直至面包烤成嫩黄色。剩下的面包如法炮制。

为了避免煎的过程中三明治会裂开，要把奶油涂满吐司片，均匀铺好草莓后，两片吐司对好压紧成三明治。

**017**

# 水蜜桃酸奶酪法式吐司

水蜜桃的淡粉色和酸奶的乳白色构成一副雅致的图画。这是一款口感清新的法式吐司，既有桃子淡淡的甜味，又有清爽的酸味。

## 材料（2人份）

吐司（6片装）2片
A
┌ 鸡蛋　1个
│ 白砂糖　1大匙
└ 牛奶　100ml
黄油　2大匙
＊配料
┌ 桃子片　约8片
└ 原味优酪乳（无糖型）　2大匙

## 制作方法

1 把A栏中所有材料倒入大碗中搅拌混合。把面包摆放在方底平盘后倒入搅拌好的食材，浸泡5分钟。翻过来继续浸5分钟。

2 平底煎锅放入一半黄油，然后用中火加热，黄油融化后加入1的一半，然后改为弱中火继续加热1-2分钟，直至面包煎成金黄色。

3 把吐司翻过来，用锅铲稍微移动面包片，然后盖好锅盖，继续烤1-2分钟，直至吐司烤成焦黄色。剩下的吐司如法炮制。

4 烤好的吐司切掉边摆放入盘，在吐司上放好桃子切片，用调羹放上酸奶，精美清爽的水蜜桃酸奶酪法式吐司就做好了。

※ 切掉吐司边会让吐司看上去很雅致。当然也可以不切。

牛奶鸡蛋液

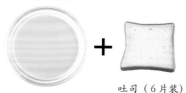 ＋

吐司（6片装）　　桃　　原味优酪乳
（无糖型）

# 018

# 法式吐司水果三明治

甜芝士奶油（P21）与法式吐司也很相配。

下面这款三明治就是用烤好的法式吐司和水果做成的。做好后请放入冰箱冷藏后食用。

## 材料（2人份）

吐司（6片装） 2片
A
| 鸡蛋 1个
| 白砂糖 1大匙
| 牛奶 100ml
黄油 2大匙

＊配料
| 甜芝士奶油 3大匙
| ※参照P21制作方法，准备好分量
| 混合水果小切块（罐头食品）半杯
| ※这里使用的是热带水果罐头

## 制作方法

1 把A栏中所有材料倒入大碗中搅拌混合。把面包摆放在方底平盘后倒入搅拌好的食材，浸泡5分钟。翻过来继续浸5分钟。

2 平底煎锅放入一半黄油，然后用中火加热，黄油融化后加入1的一半，然后改为弱中火继续加热1-2分钟，直至面包煎成金黄色。

3 把面包翻过来，用锅铲稍微移动面包片，然后盖好锅盖，继续烤1-2分钟，直至面包烤成焦黄色。剩下的面包如法炮制。

4 把挤干果汁的水果小切块拌入甜芝士奶油中。

5 切掉面包边，把芝士切成两半。把4做成三明治后包好保鲜膜放入冰箱冷藏。食用前取出，再切成两片。

牛奶鸡蛋液

 ＋

吐司（6片装）　甜芝士奶油　混合水果小切块（罐头食品）

**019**

# 草莓牛奶法式吐司

鸡蛋液里加入草莓和炼乳，搅拌后呈现出诱人的粉红色。

再在烤好的吐司上面撒上一层草莓，一款非常适合女孩的甜品法式吐司就呈现在我们面前。

吐司和配料都是
满满的草莓牛奶
味道！

草莓鸡蛋液 + 迷你丹麦酥皮吐司　　草莓　　炼乳

FRENCH TOAST

## 材料（2人份）

迷你丹麦酥皮吐司　　4 片

A
| 鸡蛋　1个
| 炼乳　2大匙
| 牛奶　50ml
| 草莓　2颗

黄油　2大匙

＊配料
| 草莓　2-3个
| 炼乳　适量

## 制作方法

1. 把A中的草莓压碎，把A栏中所有材料倒入大碗中搅拌混合。把吐司摆放在方底平盘后倒入搅拌好的食材，浸泡5分钟。翻过来继续浸5分钟。

2. 平底煎锅放入一半黄油，然后用中火加热，黄油融化后加入1的一半，然后改为弱中火继续加热1-2分钟，直至面包煎成金黄色。

3. 把面包翻过来，用锅铲稍微移动面包片，然后盖好锅盖，继续烤1-2分钟，直至面包烤成焦黄色。剩下的面包如法炮制。

4. 把烤好的吐司装盘，切成薄片的草莓撒在吐司上，然后浇上炼乳。

根据个人喜好添加炼乳，形成独特的美妙味道。当然，草莓和牛奶也需根据个人喜好适量添加。

**1 - 1**

为了草莓与鸡蛋液能很好地混合，要尽量把草莓碾碎。

**1 - 2**

吐司浸泡加了草莓的鸡蛋液的工序与往常相同。翻面后也要使其充分浸透。

**020**

# 巧克力法式吐司

巧克力法式吐司时尚而精致。
即将出炉之前放上巧克力的话，巧克力会融化得恰到好处。
橘皮果酱的涩味、巧克力的苦味构成一款成人口味的法式吐司。

FRENCH TOAST

## 材料（2人份）

吐司（6片装）　2片
A
　鸡蛋　1个
　白砂糖　1大匙
　牛奶　100ml
　可可粉　1大匙
黄油　2大匙

＊配料
　巧克力颗粒　10-12粒
　※也可把板状巧克力切成很多小块
　使用
　橘皮果酱　少许
　果酱腌制的橙子片（有的话）
　2片

## 制作方法

1 把A栏中所有材料倒入大碗中搅拌混合。把面包摆放在方底平盘后倒入搅拌好的食材，浸泡5分钟。翻过来继续浸5分钟。

2 平底煎锅放入一半黄油，然后用中火加热，黄油融化后加入1的一半，然后改为弱中火继续加热1-2分钟。

3 把面包翻过来放上一半巧克力，用锅铲稍微移动面包片，然后盖好锅盖，继续烤1-2分钟。剩下的面包如法炮制。

4 将烤好的吐司装盘，涂上橘皮果酱，如果有果酱腌制的橙子片的话，装饰时加上效果会更好。

可可鸡蛋液

 ＋

吐司（6片装）　　巧克力　　橘皮果酱

# 021

# 日式抹茶法式吐司

喜欢甜食口味的话就无法避免红豆馅、黑蜜等日式素材。
鸡蛋液里加入豆浆则更有和式的风味。
这是一道想与用绿茶、红茶等一起享用的绝品美味。

FRENCH TOAST

## 材料（2人份）

吐司（6片装） 2片
A
| 鸡蛋 1个
| 白砂糖 1大匙
| 牛奶 100ml
| 抹茶粉 1/2大匙
黄油 2大匙

＊配料
| 红豆馅 2大匙
| 草莓 2颗
| 黑蜜 适量
| 抹茶粉 少许

## 制作方法

1 把A栏中所有材料倒入大碗中搅拌混合。把去掉面包边的面包摆放在方底平盘后倒入搅拌好的食材，浸泡5分钟。翻过来继续浸5分钟。

2 平底煎锅放入一半黄油，然后用中火加热，黄油融化后加入1的一半，然后改为弱中火继续加热1-2分钟，直至面包煎成金黄色。

3 把面包翻过来，用锅铲稍微移动面包片，然后盖好锅盖，继续烤1-2分钟，直至面包烤成焦黄色。剩下的面包如法炮制。

4 将烤好的吐司装盘，放上红豆馅和切好的草莓，涂上黑蜜。用滤茶网撒上抹茶粉即可。

抹茶鸡蛋液

 ＋

吐司（6片装）　红豆馅　草莓　黑蜜　抹茶粉

# 牛奶红茶法式吐司

这是一款印度风味的法式吐司，香甜、辛辣，具有浓郁的异国风情。使用丁香的话，味道会更浓郁。

FRENCH TOAST

## 材料（2人份）

法式面包（切成1.5cm厚的圆片）
　6片

A
| 鸡蛋　1个
| 白砂糖　2大匙
| 红茶（格雷伯爵茶）1小匙

B
| 牛奶　150ml
| 桂皮棒（※）　根
| 丁香（整个）（※）　10粒
| ※五香粉　1小匙即可
黄油　2大匙

## 制作方法

1 把B栏中的牛奶和五香粉倒入小锅加热，煮开前关小火，五香粉的香味起来后关火放凉备用。把A栏中的红茶仔细切碎备用。

2 在大碗中搅拌A栏中配料，1没有余热后边过滤边倒入大碗搅拌。

3 在平底煎锅摆放好吐司，倒入2浸泡5分钟，翻过来另一面继续浸泡5分钟。

4 平底煎锅放入一半黄油，然后用中火加热，黄油融化后加入3的一半，然后改为弱火继续加热1–2分钟，直至面包煎成金黄色。

5 把面包翻过来，用锅铲稍微移动面包片，然后盖好锅盖，继续烤1–2分钟，直至面包烤成焦黄色。剩下的面包如法炮制。

红茶鸡蛋液

法式面包　　肉桂棒　　整粒丁香

# 023

# 咖啡法式吐司

咖啡法式吐司是一款成人口味的吐司，咖啡色的吐司映衬着鲜红的覆盆子，咖啡的苦味伴着覆盆子的酸味。装点些胡椒粒能提升整个吐司的香味。

## 材料（2人份）

迷你吐司　2片
A
┃鸡蛋　1个
┃白砂糖　1大匙
┃牛奶　65ml
速溶咖啡　2大匙
开水　2小匙
黄油　1大匙

＊配料
┃覆盆子　约10颗
┃蜂蜜　适量
┃黑胡椒　少许

## 制作方法

1 速溶咖啡用热水冲泡溶解，放凉备用。
2 把A栏中所有材料倒入大碗中搅拌混合。
3 把切成4等份的面包摆放在方底平盘后倒入2，浸泡5分钟。翻过来继续浸5分钟。
4 平底煎锅放入一半黄油，然后用中火加热，黄油融化后把3放入锅内摆放好，然后改为弱中火继续加热1-2分钟。
5 把面包翻过来，用锅铲稍微移动面包片，然后盖好锅盖，继续烤1-2分钟。
6 烤好的吐司装盘，撒上覆盆子，淋上蜂蜜，撒上胡椒粒即可。

咖啡鸡蛋液

 ＋

迷你吐司　　覆盆子　　蜂蜜　　黑胡椒

FRENCH TOAST

51

**024**

# 咖喱法式吐司

映入眼帘的鲜艳黄色吐司竟然是用了咖喱粉！

最后再用色拉、嫩菜叶点缀一下，一份大人、孩子都喜欢的咖喱法式吐司就完成了，很适合午餐哦。

咖啡馆的招牌菜
就完成了！

咖喱鸡蛋液

长条面包　　混合豆粒沙拉　　嫩菜叶　　松软干酪　　黑胡椒

## 材料（2人份）

长条面包（切成1.5cm厚的圆片）　6片

A
- 鸡蛋　1个
- 盐、黑胡椒　各少许
- 牛奶　100ml
- 咖喱粉　1小匙

黄油　2大匙

＊配料
- 豆粒色拉
  - 各种豆粒（水煮）　120g
  - 原味酸奶（无糖型）　1小匙
  - 蛋黄酱　1小匙
  - 切碎的芹菜末　少许
  - 咖喱粉、盐　各少许
- 嫩菜叶　适量
- 松软干酪　适量
- 粗磨黑胡椒粉　适量

在可以悠闲地享用早午餐的休息日里，请将咖喱法式吐司搭配上橙汁等一起慢慢享用。

## 制作方法

1. 把A栏中所有材料倒入大碗中搅拌混合。把面包摆放在方底平盘后倒入A，浸泡5分钟。翻过来继续浸5分钟。

2. 面包浸在鸡蛋液期间可以制作豆粒色拉。把所有的材料倒入大碗搅拌。

3. 平底煎锅放入一半黄油，然后用中火加热，黄油融化后加入1的一半，然后改为弱中火继续加热1−2分钟，直至面包煎成金黄色。

4. 把面包翻过来，用锅铲稍微移动面包片，然后盖好锅盖，继续烤1−2分钟，直至面包烤成焦黄色。剩下的面包如法炮制。

5. 将烤好的吐司装盘，装饰上嫩菜叶和豆粒色拉。撒上松软干酪和黑胡椒即可。

**1**

加入鸡蛋液的咖喱粉一点点即可，只是一点咖喱粉就可以散发出刺激食欲的香辛味。

**2**

豆粒色拉仅需简单搅拌即可。用罐头或者超市盒装类的豆粒可以瞬间完成。

**5**

按照法式吐司、嫩菜叶、豆粒色拉的顺序，均匀地装盘。

# 025 蔬菜烤肉法式吐司

蔬菜烤肉法式吐司放了很多五颜六色的蔬菜，感觉像是在吃一盘色拉。葡萄酒醋统一了蔬菜的清香和芝士风味的面包香味。蔬菜可以用应季蔬菜或者自己喜欢的蔬菜。

## 材料（2人份）

吐司（6片装） 2片
A
 鸡蛋 1个
 盐、粗磨黑胡椒
  各少许
 牛奶 100ml
 芝士粉 2大匙
黄油 2大匙

＊配料
 西葫芦（绿色、黄色 切成圆片）
  各约2片
 小西红柿（红色 橙色） 约4个
 莲藕（切成圆片） 约2片
 杏鲍菇（切成薄片） 约2片
 玉米笋 2个
 葡萄酒醋 50毫升
 黄油 适量

咸味鸡蛋液

＋

吐司（6片装）

各类蔬菜、蘑菇

## 制作方法

1 把A栏中所有材料倒入大碗中搅拌混合。把面包摆放在方底平盘后倒入搅拌好的食材，浸泡5分钟。翻过来继续浸5分钟。

2 平底煎锅放入一半黄油，然后用中火加热，黄油融化后加入1的一半，然后改为弱中火继续加热1-2分钟，直至面包煎成金黄色。

3 把面包翻过来，用锅铲稍微移动面包片，然后盖好锅盖，继续烤1-2分钟，直至面包烤成焦黄色。剩下的面包如法炮制。

4 把葡萄酒醋放入小锅，用弱中火加热煮至仅剩一半。蔬菜和杏鲍菇放在烤肉用的网上烤好备用。

5 把3装盘，放上烤好的蔬菜、杏鲍菇、黄油，淋上煮好的葡萄酒醋即可。

# 026

# 泰式风味薄荷肉馅法式吐司

这是一款亚洲风味的法式吐司。泰国鱼露的香味让人食欲大振。推荐大家使用黑麦面包。

## 材料（2人份）

黑麦面包
（切成1cm厚的薄片）
　4片
A
┃鸡蛋　1个
┃盐　少许
┃牛奶　100ml
┃芝士粉　2大匙
黄油　2大匙

＊配料
肉馅
┃猪肉小块　200g
┃洋葱（小）　半个
┃大蒜　1瓣
┃鲜薄荷　一撮（约8g）
┃红辣椒（切圆片）　1个
┃鱼露　半大匙
┃柠檬汁　2大匙
┃砂糖　1小匙
┃色拉油　少许
┃香菜　适量

咸味鸡蛋液

黑麦面包　薄荷猪肉馅　香菜

## 制作方法

1 把A栏中所有材料倒入大碗中搅拌混合。把面包摆放在方底平盘后倒入搅拌好的食材，浸泡5分钟。翻过来继续浸5分钟。

2 平底煎锅放入一半黄油，然后用中火加热，黄油融化后加入1的一半，然后改为弱中火继续加热1-2分钟，直至面包煎成金黄色。

3 把面包翻过来，用锅铲稍微移动面包片，然后盖好锅盖，继续烤1-2分钟，直至面包烤成焦黄色。剩下的面包同样烤制，取出备用。

4 制作薄荷肉馅。把猪肉粗略剁碎成肉馅。洋葱和大蒜切成碎末。薄荷粗略切碎。

5 把大蒜、红辣椒、色拉油放入平底煎锅，用弱火煸炒，炒出大蒜的香味后加入洋葱，用中火继续煸炒。

6 洋葱炒软后加入猪肉继续炒。加入鱼露、柠檬汁、砂糖炒出汁后加入薄荷，翻炒几下关火。

7 把3装盘，放上6后用香菜装饰。

# 担担面风味法式吐司

把担担面的肉臊卤放在烤好的吐司上就成了担担面风味法式吐司。
用芝麻油烤出的吐司配上香辣的肉臊卤，简直就是令人无限惊奇的美味组合。

## 材料（2人份）

核桃仁吐司　2片

A
| 鸡蛋　1个
| 盐、胡椒　各少许
| 牛奶乳　100ml

芝麻油　2大匙

＊配料

| 担担面肉臊卤　100g
| 　豆瓣酱　2小匙
| 　大葱（粗略切碎）　2大匙
| 　小西红柿（红色　橙色）　约4个
| 　绍兴酒（或者酒）　2小匙
| 　白芝麻酱　2大匙
| 　酱油、醋　各半小匙
| 　色拉油　半大匙

红辣椒丝　少许

小葱　切碎

### 咸味鸡蛋液

　＋　

核桃仁吐司　担担面肉臊卤　红辣椒丝　　小葱

## 制作方法

1. 做担担面肉臊卤。把色拉油、豆瓣酱、大葱末放入平底煎锅煸炒，炒出香味后放入猪肉末继续煸炒。炒到肉变色后把剩余的材料加进去翻炒。

2. 把A栏中所有材料倒入大碗中搅拌混合。把搅拌好的食材倒入方底平盘，把做好的三明治快速蘸鸡蛋液。

3. 平底煎锅放入一半芝麻油加热，加入2的一半，用弱中火继续加热1–2分钟，直至面包煎成嫩黄色。

4. 把面包翻过来，用锅铲稍微移动面包片，然后盖好锅盖，继续烤大约1分钟，直至面包烤成嫩黄色。剩下的面包如法炮制。

5. 烤好的吐司装盘，放上担担面肉臊卤和红辣椒丝，撒上小葱末。

**028**

# 大蒜黄油法式吐司

这是一款下酒菜法式吐司，大蒜的香味会让你的啤酒瘾欲罢不能。用炒过大蒜的橄榄油煎面包，蔬菜和肉也一起嫩煎的话，就成了一顿简单的饭菜。

## 材料（2人份）

长条面包（切成4cm厚圆片） 6片

A
| 鸡蛋　1个
| 盐、粗磨胡椒粉　各少许
| 牛奶乳　100ml
| 芝士粉　2大匙
大蒜　1瓣
橄榄油　2大匙

＊配料
| 水芹　适量

咸味鸡蛋液

长条面包　　大蒜　　水芹

## 制作方法

1 把A栏中所有材料倒入大碗中搅拌混合。把面包摆放在方底平盘后倒入搅拌好的食材，浸泡5分钟。翻过来继续浸5分钟。

2 平底煎锅放入橄榄油和切成薄片的大蒜的一半，用微火加热，把大蒜的香味炒到橄榄油里。等大蒜变成褐色后取出备用。

3 把1的一半放入煎锅中摆放好，用弱中火继续加热2-3分钟，直至面包煎成金黄色。

4 把面包翻过来，用锅铲稍微移动面包片，然后盖好锅盖，继续烤1-2分钟，直至面包烤成焦黄色。剩下的面包和大蒜同样煎制。

5 将烤好的吐司装盘，把大蒜放在吐司上，装饰上水芹即可。

**029**

# 蜂蜜味增蘑菇法式吐司

这款吐司就是用蜂蜜味增煸炒蘑菇，然后配上法式吐司。
这是款下米饭的嫩煎料理，也很适合面包。

## 材料（2人份）

田园风法国面包
（切成1cm厚的薄片）
　4片
A
| 鸡蛋　1个
| 盐、黑胡椒
　各少许
| 牛奶乳　100ml
| 芝士粉　2大匙
黄油　2大匙

\*配料
蜂蜜味增蘑菇
　选择喜欢的蘑菇　共计100g
　※这里使用丛生口蘑、朴草、蘑菇
　洋葱　四分之一个
| 姜　1片
| 酒　1大匙
| 蜂蜜　1大匙
| 豆酱　1大匙
橄榄油　1小匙
切碎的荷兰芹（如果有的话）
　少许

## 制作方法

1. 制作奶油煎炒蜂蜜味增蘑菇。蘑菇切掉蘑菇根，成容易食用的小朵。洋葱切成薄片，姜剁成碎末把蜂蜜和豆酱混合搅拌好备用。

2. 平底煎锅放入橄榄油烧热，炒香姜末后放入洋葱蘑菇继续煸炒，后放入酒。等全部变软后加入混好的蜂蜜豆酱翻炒拌匀。

3. 把A栏中所有材料倒入大碗中搅拌混合。把面包放在方底平盘后倒入搅拌好的食材，浸泡5分钟翻过来继续浸5分钟。

4. 平底煎锅放入一半黄油，然后用中火加热，黄油化后加入3的一半，然后改为弱中火继续加热1分钟，直至面包煎成金黄色。

5. 把面包翻过来，用锅铲稍微移动面包片，然后盖锅盖，继续烤1-2分钟，直至面包烤成焦黄色。下的面包同样烤制。

6. 把烤好的吐司装盘，把炒好的蘑菇放到吐司上，果有荷兰芹的话撒上荷兰芹，再撒上胡椒粉即可。

咸味鸡蛋液

＋

田园风法国面包　蜂蜜味增蘑菇　黑胡椒

# PART 3
## 热三明治菜谱

HOT
SANDWICH

**001**

# 虾仁鳄梨热三明治

红色虾仁与绿色鳄梨形成鲜明的对比，虾仁鳄梨热三明治
是经典中的经典。柠檬皮的酸味是这款三明治的亮点。
软绵绵的鳄梨和融化的芝士口感好得不得了。

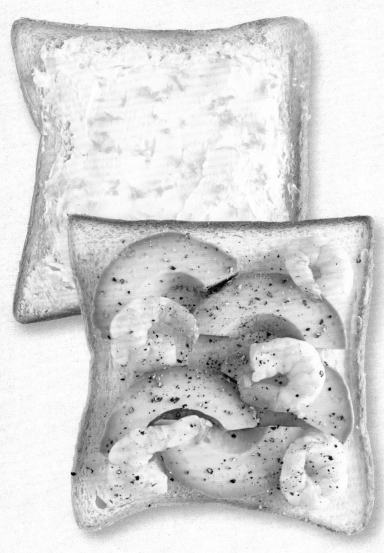

### 材料（1人份）

吐司（6片装） 2片
＊馅料
虾仁（做色拉用） 5只
鳄梨（薄片） 5片
盐、黑胡椒 各少许
＊酱料
黄油 适量
奶油芝士 2大匙
柠檬皮（磨碎） 少许

### 制作方法

1 把下面那片吐司抹上黄油，摆
放好鳄梨和虾仁，撒上盐、粗
磨黑胡椒粉。

2 上面那片吐司抹上奶油奶酪，
撒上柠檬皮碎末，然后两片吐
司放一起做成三明治。

3 把做好的三明治放入热三明治
烤具，用中火烤1-2分钟。翻
过来再烤1-2分钟即可。

# 生菜培根煎蛋三明治

煎鹌鹑蛋、培根、生菜、吐司……把一盘早餐汇总在一起做成热三明治。五分熟的鹌鹑蛋真是绝妙的美味！这款热三明治非常适合时间紧迫的早晨。

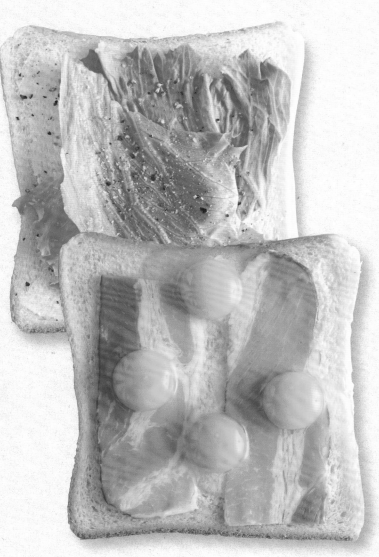

## 材料（1人份）

吐司（6片装） 2片
\* 馅料
培根（从中间切成两半） 1片
鹌鹑蛋 4个
生菜（撕碎） 1张
盐、黑胡椒 各少许
\* 酱料
黄油 适量

## 制作方法

1 把下面那片吐司抹上黄油，放好培根和鹌鹑蛋。

2 上面那片吐司抹上黄油，撒上盐、粗磨黑胡椒粉，然后两片吐司放一起做成三明治。

3 把做好的三明治放入热三明治烤具，用中火烤1—2分钟。翻过来再烤1—2分钟即可。

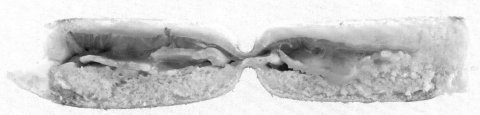

HOT SANDWICH

**003**

# 炒面热三明治

炒面三明治是热三明治版的炒面面包。
请一定要品尝碳水化合物×碳水化合物魅惑的美味。
下面也会写上炒面的做法，大家用平常做的也可以。

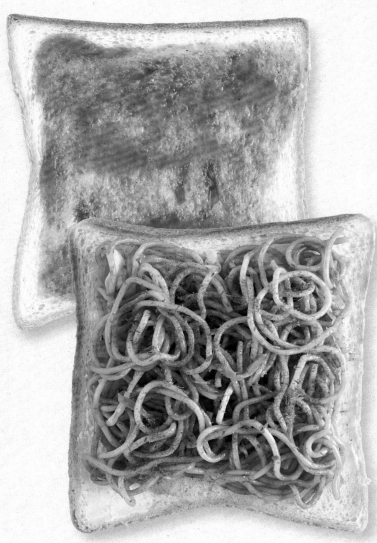

## 材料（1人份）
吐司（6片装） 2片
＊馅料
| 炒面（参照下述做法
| 　制作） 1杯
＊酱料
| 黄油 适量
| 炒面酱汁 适量

材料（易于制作的分量）
用于炒面的面条（煮） 1块面饼
碎猪肉块 50g
卷心菜（大体切碎）
红姜、肠浒苔 各少许
酒 1大匙
炒面用酱汁（炒面面团
　配料） 1袋
色拉油 少许
制作方法
1 在炒面的面团上洒点酒，打散
　面团。
2 烧热炒锅，放入色拉油煸炒卷
　心菜。
3 挑散1的面条放入锅内，加酒
　再炒。
4 加入炒面酱汁翻炒均匀，加入
　红姜和肠浒苔翻炒均匀。

## 制作方法
1 把下面那片吐司抹上黄油，放上
　炒面。
2 上面那片吐司抹炒面酱汁，然后
　两片吐司放一起做成三明治。
3 把做好的三明治放入热三明治烤
　具，用中火烤1-2分钟。翻过来
　再烤1-2分钟即可。

HOT SANDWICH

**004**

# 披萨热三明治

黏糯糯的芝士披萨三明治魅力无限，是吐司食谱中有代表性的一款。
推荐大家用帕尼尼面包，然后烤得酥脆，
再加上香肠、玉米粒之类，简直是无上的馔食。

## 材料（1人份）

帕尼尼面包　1个
＊馅料
　柿子椒（圆切片）　3个
　洋葱（切成薄片）　1/10个
　披萨用芝士　1大匙
＊酱料
　披萨酱汁　1大匙
　橄榄油　少许

## 制作方法

1 把面包切成长度适合热三明治烤具大小，厚度为其一半。
2 把下面那片吐司抹上披萨酱，摆放好切好的柿子椒。
3 上面那片吐司抹上橄榄油，按照洋葱、披萨用芝士的顺序依次摆放好，然后两片吐司放一起做成三明治。
4 把做好的三明治放入热三明治烤具，用中火烤1-2分钟。翻过来再烤1-2分钟即可。

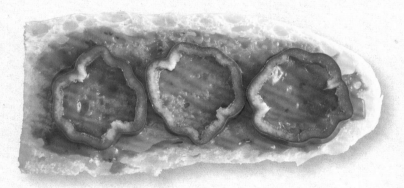

4

把三明治横着放在烤具里，
直接烤就可以。

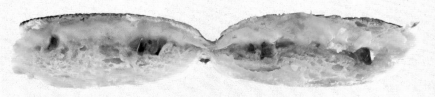

HOT SANDWICH

**005**

# 鸡蛋热三明治

鸡蛋三明治是不能错过的经典中的经典。

虽然我们总是凉着吃，可是温热的鸡蛋色拉也很美味。

可以直接和芥末一起食用。

## 材料（1人份）

吐司（6片装） 2片

\*馅料

鸡蛋色拉（请参照下述制作）

下述的全部分量

\*酱料

黄油 少许

芥末 少许

鸡蛋色拉

材料（容易制作的分量）

鸡蛋 1枚

西芹（切碎） 少许

蛋黄酱 1大匙

炼乳 1小匙

盐、胡椒粉 各少许

制作方法

1 鸡蛋煮熟剥皮，压碎。

2 加入其他剩下的材料搅拌。

## 制作方法

1 把下面那片吐司抹上黄油，均匀放好鸡蛋色拉。

2 将上面那片吐司抹上芥末，然后两片吐司放一起做成三明治。

3 把做好的三明治放入热三明治烤具，用中火烤1–2分钟。翻过来再烤1–2分钟即可。

HOT SANDWICH

# 006

# 土豆沙拉热三明治

土豆沙拉无论是做副菜还是下酒菜都很受欢迎，而且也很适合做热三明治。可以和生菜一起夹在三明治里。

## 材料（1人份）

吐司（6片装） 2片

＊馅料

土豆沙拉（请参照下述方法制作） 半杯

生菜（撕成片） 1片

＊酱料

黄油 适量

蛋黄酱 适量

---

土豆沙拉

材料（易于制作的分量）

土豆 2个

紫色洋葱或者洋葱（切成薄片） 1/4个

胡萝卜（切成扇形） 3厘米长段

黄瓜（横切） 半根

玉米粒 1大匙

A

蛋黄酱 3大匙

盐 1/4小匙

醋 2小匙

制作方法

1 土豆煮熟，撒上少许盐（食谱分量外），大体弄碎。把紫色洋葱、胡萝卜、黄瓜一起放入大碗，加少许盐（食谱分量外）搅拌，出水的话挤干。

2 把玉米粒加入大碗，加A混合搅拌。

## 制作方法

1 把下面那片吐司抹上黄油，均匀放好土豆沙拉。

2 将上面那片吐司抹上蛋黄酱，放好生菜，然后两片吐司放一起做成三明治。

3 把做好的三明治放入热三明治烤具，用中火烤1–2分钟。翻过来再烤1–2分钟即可。

HOT SANDWICH

# 007

## 鲑鱼芝士热三明治

这是一款百吉饼馅饼里很熟悉的、非常时髦的三明治。加热就会散发浓郁香味的莳萝能迅速令鲑鱼变得更加美味。

### 材料（1人份）

吐司（6片装） 2片
*馅料
| 熏鲑鱼 4片
| 紫色洋葱或者洋葱
|（切成薄片）
| 1/8个
| 鲜莳萝 2棵
*酱料
| 酸味奶油 2大匙

### 制作方法

1 把下面那片吐司抹上酸味奶油，铺好熏鲑鱼片，放上莳萝。

2 将上面那片吐司抹上蛋黄酱，放好生菜，然后两片吐司放一起做成三明治。

3 把做好的三明治放入热三明治烤具，用中火烤1-2分钟。翻过来再烤1-2分钟即可。

# 008

## 黄瓜热三明治

黄瓜热三明治也就是把很受英国人欢迎的黄瓜三明治做成热三明治。稍微变软的黄瓜口感令人无限迷恋。

### 材料（1人份）

吐司（6片装） 2片
*馅料
| 黄瓜（竖切成薄片）
| 半根
*酱料
| 黄油
| A
| | 芥末 2小匙
| | 芥末粒 1小匙
| | 蛋黄酱 2大匙

### 制作方法

1 把下面那片吐司抹上黄油，铺好黄瓜片。

2 把A中的材料混合搅拌，抹在上面的吐司上，然后两片吐司放一起做成三明治。

3 把做好的三明治放入热三明治烤具，用中火烤1-2分钟。翻过来再烤1-2分钟即可。

# 西红柿热三明治

用市场上的吐司调味汁把西红柿圆切片做成简单的三明治。
温热的三明治不仅中和了西红柿的酸味，还能诱发西红柿独特的甜味。

**材料（1人份）**

吐司（6片装）　2片
＊馅料
　西红柿（切成圆片）
　　2片
＊酱料
　黄油　适量
　吐司调味汁　1大匙
　（超市贩卖品）
　罗勒叶　（干）少许

**制作方法**

1 把下面那片吐司抹上黄油，铺好西红柿。

2 将上面那片吐司抹上吐司调味汁，撒上罗勒叶，然后两片吐司放一起做成三明治。

3 把做好的三明治放入热三明治烤具，用中火烤1–2分钟。翻过来再烤1–2分钟即可。

# 鳄梨热三明治

鳄梨是非常受欢迎的三明治配料。
把鳄梨弄成碎块做成的三明治能让你充分享受到心荡神驰的口感和醇厚的味道。

**材料（1人分）**

吐司（6片装）　2片
＊馅料
　鳄梨　半个
　柠檬汁　少许
＊酱料
　柠檬汁　少许
　盐、碎黑胡椒　各少许

**制作方法**

1 把鳄梨弄成碎块放在下面那片吐司抹上，淋上柠檬汁。

2 在上面那片吐司撒上盐、粗磨黑胡椒粉，然后两片吐司放一起做成三明治。

3 把做好的三明治放入热三明治烤具，用中火烤1–2分钟。翻过来再烤1–2分钟即可。

# 011

# 葡萄干拌胡萝卜热三明治

用很多胡萝卜做成法国家常菜"葡萄干拌胡萝卜",你根本想不到里面只有胡萝卜,而且它与面包非常搭配。因为"葡萄干拌胡萝卜"可以预先做好,所以这款热三明治非常简便。

## 材料(1人份)

吐司(6片装) 2片
\*馅料
　葡萄干拌胡萝卜
　(请参照下述制作) 4大匙
\*酱料
　黄油 适量
　A
　　芥末 3大匙
　　蜂蜜 3大匙
　　蛋黄酱 2大匙

葡萄干拌胡萝卜
材料(容易制作的分量)
胡萝卜 1根
葡萄干 2大匙
盐、柠檬汁 各少许
苹果醋 2小匙
砂糖 1小匙
盐、黑胡椒 各少许
荷兰芹(切成碎粒) 少许
黑胡椒 少许
制作方法
1 胡萝卜用切片器切成细条,撒上盐腌制5分钟,挤出水分。
2 把1中的胡萝卜、葡萄干、柠檬汁、苹果醋、砂糖、胡椒放入大碗,用手仔细拌匀。
3 加入橄榄油和荷兰芹仔细搅拌。

## 制作方法

1 把下面那片吐司抹上黄油,铺好葡萄干拌胡萝卜。
2 把A中材料搅拌在一起,抹在上面的面包上,然后两片吐司放一起做成三明治。
3 把做好的三明治放入热三明治烤具,用中火烤1-2分钟。翻过来再烤1-2分钟即可。

HOT SANDWICH

# 012

# 炸虾三明治

宴客的炸虾凉了很可惜。
这时您可以尝试做成炸虾三明治。
抹上塔塔酱，立马变成了另外一道美食。

## 材料（1人份）

吐司（6片装） 2片
＊馅料
｜家常炸虾 2只
＊酱料
｜黄油 适量
｜塔塔酱 2大匙

## 制作方法

1 把下面那片吐司抹上黄油，放上炸虾。
2 在上面的吐司抹上塔塔酱，然后两片吐司放一起做成三明治。
3 把做好的三明治放入热三明治烤具，用中火烤1–2分钟。翻过来再烤1–2分钟即可。
（炸虾的尾巴伸出热三明治烤具也没关系。如果无法盖上盖子的话，可以把虾尾去掉）

HOT SANDWICH

# 013

# 剩咖喱&豆粒三明治

吃剩的咖喱味道浓郁，非常可口。
直接吃还有剩余的话，请一定尝试这款热三明治。
辅料不多的话加些豆子，既增加了分量又增添了口感。

## 材料（1人份）

皮塔饼　1个

*馅料
剩咖喱　4大匙
各种豆粒（水煮）　2大匙

*酱料
黄油　适量
小茴香籽　少许

## 制作方法

1 把皮塔饼按厚度分成两片，下面那片皮塔饼抹上黄油，放上咖喱。

2 在上面的皮塔饼上也抹上黄油，撒上小茴香籽，放上各种豆粒，然后两片吐司放一起做成三明治。

3 把做好的三明治放入热三明治烤具，用中火烤1-2分钟。翻过来再烤1-2分钟即可。

皮塔饼容易溢出一些像咖喱的汤汁。可以选择能完全放入热三明治烤具大小的皮塔饼。

# 014

# 油炸竹荚鱼热三明治

我们很熟悉的炸鱼也可以做成三明治。
这款三明治推荐日式的粗粮面包。

## 材料（1人份）

粗粮面包　2片
＊馅料
｜家常炸竹荚鱼　1条
｜蔬菜嫩芽　半杯
＊酱料
｜中浓调味汁　1大匙

## 制作方法

1 在下面那片面包上抹上一半中浓调味汁，放上炸竹荚鱼。

2 把剩下的中浓调味汁抹在上面的面包上，然后两片面包放一起做成三明治。

3 把做好的三明治放入热三明治烤具，用中火烤1-2分钟。翻过来再烤1-2分钟即可。

（炸竹荚鱼的尾巴伸出在热三明治烤具中也没关系。如果无法盖上盖子的话，可以把鱼尾去掉）

# 015

# 羊栖菜热三明治

总是当配角的羊栖菜和芝麻粉一起做成三明治的话，立马华丽丽地成为主角！

## 材料（1人份）

吐司（6片装）　2片
＊馅料
｜吃剩的炖羊栖菜
｜　4大匙
＊酱料
｜蛋黄酱　适量
｜芝麻油　适量
｜芝麻粉　少许

## 制作方法

1 在下面那片吐司抹上蛋黄酱汁，放上炖羊栖菜。

2 将上面的吐司上抹上芝麻油，均匀撒上芝麻粉，然后两片吐司放一起做成三明治。

3 把做好的三明治放入热三明治烤具，用中火烤1-2分钟。翻过来再烤1-2分钟即可。

HOT SANDWICH

# 016

# 煎饺&辣椒油热三明治

在家常菜卖场经常能看到煎饺。
煎饺与香辣的辣椒油搭配的话，立马变成宴客大餐。
饺子无论是速冻还是冷藏的都可以。

### 材料（1人份）

纺锤形面包　1个
＊馅料
| 煎饺　2个
＊酱料
| 芝麻油　适量
| 辣椒油　适量

### 制作方法

1 纺锤形面包按厚度分成两部分。
在下面那片上抹上芝麻油，放
上煎饺。

2 将上面的面包上抹上辣椒油，
然后两片面包放一起做成三明
治。

3 把做好的三明治放入热三明治
烤具，用中火烤1-2分钟。翻
过来再烤1-2分钟即可。

3

把做成三明治的纺
锤形面包放在烤具
中间，为了防止倾
斜，一边用手按着，
一边朝里面放。

## 017

# 麻婆茄子热三明治

麻婆茄子沾满了汤汁，黏黏糊糊的很容易被面包夹住。

好吃得甚至连美味的调味汁都能被丝毫不剩地吃光。

另外别忘了多加小葱和花椒！

## 材料（1人份）

芝麻吐司　2片
＊馅料
   吃剩的麻婆茄子　半杯
   花椒　少许
   小葱（切碎）　2大匙
＊酱料
   芝麻油　少许

## 制作方法

1 在下面的吐司上面放好麻婆茄
  子，撒上花椒。

2 将上面的吐司涂上芝麻油、铺
  好小葱，做成三明治。

3 把做好的三明治放入热三明治
  烤具，用中火烤1–2分钟。翻
  过来再烤1–2分钟即可。

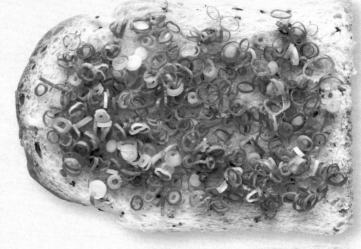

3

长型的吐司，可以
横放着烤。

HOT SANDWICH

**018**

# 普罗旺斯炖菜&甜罗勒土豆热三明治

普罗旺斯炖菜&甜罗勒土豆热三明治是由色泽艳丽的意大利美味一半对一半而成。一半只有普罗旺斯炖菜，另一半混杂着西红柿，可以体验各种不同的口感。

请选择热三明治烤具能装下的圆面包。

HOT SANDWICH

## 材料（1人份）

意大利香料圆面包　1个
＊馅料
| 普罗旺斯炖菜（照下述讲解烹制）　1/4杯
| 甜罗勒土豆（照下述讲解烹制）　1/4杯
＊酱料
| 橄榄油　适量

这是一款既有量又能满足口腹之欲的鸳鸯热三明治。与白葡萄酒也很搭。

---

普罗旺斯炖菜
材料（容易烹制的分量）
洋葱（切碎）　1个
西芹（切碎）　1/2根
茄子（切成半圆形）　1个
辣椒（黄色、切成2cm的块）1/3个
香菇（切成4块）　2块
西葫芦（切成半圆形）1/2个
水煮西红柿罐头　1罐（200g）
固体汤料　1个
鲜迷迭香　1根
盐、黑胡椒　各适量
橄榄油　1小匙
制作方法

1 锅内加橄榄油中火加热，翻炒洋葱和西芹。炒香后把剩下的蔬菜和蘑菇按照表上的顺序加入锅内翻炒。

2 加入盐、胡椒，打开水煮西红柿罐头和固体汤料加入锅里。盖上盖子用小火煮10分钟，关火焖5分钟。

---

甜罗勒土豆
材料（（容易烹制的分量）
土豆　2个
甜罗勒叶酱　2大匙
鲜奶油　1大匙
盐　半小匙
制作方法

1 土豆去皮切成小块水煮。煮软后去掉水，用小火蒸掉水分，做成土豆泥。

2 把1和剩下的材料放入大碗搅拌。

## 制作方法

1 面包切成两片。下面那片抹上橄榄油，一半放上普罗旺斯炖菜，一半放上甜罗勒土豆。

2 将上面的面包也抹上橄榄油，然后做成三明治。

3 把做好的三明治放入热三明治烤具，用中火烤1–2分钟。翻过来再烤1–2分钟即可。

普罗旺斯炖菜－2

把蔬菜快速炒一下，加上水煮西红柿罐头。

蔬菜煮软，西红柿完全融入汤汁，普罗旺斯炖菜就做好了。

甜罗勒土豆－2

甜罗勒土豆只是把甜罗勒叶酱拌入煮好的土豆即可。非常简单！

HOT SANDWICH

# 那不勒斯面条&杏力蛋热三明治

那不勒斯面条&杏力蛋是大人孩子都非常喜欢的西餐，把这两道菜放在一起做成的一款任性的鸳鸯热三明治。暄软的煎鸡蛋卷和那不勒斯面条简直是绝配。

HOT SANDWICH

## 材料（1人份）

吐司（6片装） 2片
*馅料
│那不勒斯面条（参照下述讲解烹制） 1/4杯
│杏力蛋（参照下述讲解烹制） 下面做的全部分量
*酱料
│黄油 适量
│碎黑胡椒 少许

这款三明治不仅看起来很可爱，还有一种复古情调，非常适合当作便当。

---

那不勒斯面条
材料（容易烹制的分量）
意大利面（1.7mm） 100g
洋葱（切薄片） 1/4个
圆青椒（圆切） 1个
香肠（斜切） 2根
A
│西红柿酱 3大匙
│英国辣椒油 1/3小匙
│清汤素、胡椒 各少许
橄榄油 1大匙
芝士粉、红辣椒（根据个人喜好） 各少许
制作方法
1 意大利面要比包装提示时间多煮一分钟，捞出竹笼屉，撒上少许橄榄油。
2 平底煎锅放上橄榄油，倒入洋葱、青椒、香肠翻炒。加入A翻炒搅拌，加入1用强中火炒到出汤汁。根据个人喜好撒上芝士粉和红辣椒。

---

## 制作方法

1 将下面的面包上涂上黄油，一半放上那不勒斯面条，剩下的一半放上杏力蛋。
2 将上面的面包上涂上黄油，撒上胡椒做成三明治。
3 把做好的三明治放入热三明治烤具，用中火烤1-2分钟。翻过来再烤1-2分钟即可。

那不勒斯面条-2

杏力蛋-2

---

杏力蛋
材料（容易烹制的分量）
鸡蛋 1个
牛奶 1大匙
盐、胡椒 各少许
干香草（喜欢的东西） 少许
色拉油 少许
制作方法
1 把鸡蛋打到大碗里搅拌好，倒入牛奶、盐、胡椒、干香草搅拌。
2 小号煎锅放色拉油，油热后倒入1，一边煎一边用筷子调整煎蛋形状。

那不勒斯面条的辅料、味道可以根据个人喜好自由选择。但是如果有汤汁的话不好做三明治，一定把汤汁收干。

为了使面包很容易就能夹住杏力蛋，用小号平底煎锅煎。

**020**

# 奶油可乐饼&生姜烧猪肉热三明治

这是非常受欢迎的下饭菜组合。

入口速溶的奶油可乐饼蘸上生姜烧猪肉那又咸又甜的汤汁，真是从未尝过的美味。

HOT SANDWICH

## 材料（1人份）

吐司（6片装） 2片
＊馅料
  奶油可乐饼（超市贩卖品） 1个
  ※冷冻奶油可乐饼加热后也可以用
  生姜烧猪肉（参照下述讲解烹制） 6大匙
＊酱料
  蛋黄酱 1小匙
  芥末 1小匙

温热的奶油可乐饼黏糯糯的口感让人着迷。搭配上牛奶，真是令人怀念的味道。

---

生姜烧猪肉
材料（容易烹制的分量）
薄切猪肉片 300g
洋葱（切薄片） 1个
芝麻油 适量
A
  生姜 8cm
  酱油 2大匙
  甜料酒（或者酒） 2大匙
制作方法
1 把A栏中的材料倒入大碗搅拌混合，放入切好的小块猪肉和洋葱，用手搅拌均匀后倒入1小匙芝麻油，继续用手使劲搅拌。
2 煎锅放芝麻油烧热，1连同汤汁一起炒。等全部炒透后调大点火，翻炒、收汁。

---

## 制作方法

1 将下面的面包上抹上蛋黄酱，一半放上奶油可乐饼，剩下一半放上生姜烧猪肉。
2 将上面的面包抹上芥末，做成三明治。
3 把做好的三明治放入热三明治烤具，用中火烤1–2分钟。翻过来再烤1–2分钟即可。

生姜烧猪肉–1

生姜烧猪肉的肉切小点的话，做成三明治吃起来不费劲。

有汁的话面包会被泡软，要仔细锁味、收汁。

1

奶油可乐饼也很好吃。

**021**

# 芝士汉堡热三明治

三片吐司夹上一个汉堡、两片芝士，真是丰盛无比！
这款三明治里夹的肉馅有四分之一个点心（113g）大小。
真想尽情地大咬一口！

## 材料（1人份）

吐司（6片装） 3片

**＊馅料**

汉堡肉饼（参照下述讲解烹制） 2枚

汉堡肉饼沙司（参照下述讲解烹制） 适量

西式咸菜（竖切成薄片） 2-3根

芝士（自己喜欢的东西） 2片

※ 这里使用的是加工干酪、车达奶酪

圣女果（切成两半） 3个

**＊酱料**

黄油 少许

看起来就很有分量！放在碟子上就像在食堂的感觉。

---

### 汉堡包

材料（约2个）

混合肉馅 300g

洋葱（切碎） 1个

黄油 1大匙

面包粉 1/2杯

牛奶 1/4杯

鸡蛋 1个

盐 1小匙

碎黑胡椒 少许

肉豆蔻 1小匙

色拉油 少许

A

蛋黄酱 1大匙

中浓沙司 1/2大匙

西红柿酱 1/2大匙

制作方法

1 平底煎锅内放黄油加热至融化，放入洋葱炒至变色。面包粉加入牛奶。

2 将肉馅、鸡蛋、1、盐、胡椒、肉豆蔻一起倒入大碗混合搅拌，用手搅拌至肉馅发黏。根据面包大小做成肉圆饼。

3 平底煎锅放入色拉油烧热，放入2两面煎。煎出焦痕后盖上锅盖，用小火把肉饼煎透。

4 A的材料里少加点3的肉汁搅拌，做成沙司。

---

### 制作方法

1 在最下层面包上抹上黄油，放上汉堡肉饼和西式咸菜，肉饼淋上汉堡肉饼沙司。

2 在中间的面包上抹上黄油，放上芝士片。

3 在最上面的面包上抹上黄油，放上剩下的芝士片和圣女果。

4 如图所示，三层面包做成汉堡。首先，最下层和中间层的面包做成三明治，最后盖上最上面的面包，这样做起来容易些。

5 把做好的三明治放入热三明治烤具（好像要膨胀出来，要紧紧压住夹紧实），用中火烤1-2分钟。翻过来再烤1-2分钟即可。

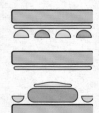

汉堡肉饼-3

根据面包大小制作稍微比面包小点的汉堡肉饼。

汉堡肉饼沙司-4

汉堡肉饼沙司只用调味料和肉汁混合搅拌即可！

## 022

# 黄瓜烤鳗鱼热三明治

日式的美味佳肴也可以做成热三明治！

不可思议的是竟然毫无违和感，非常搭配。

花椒与芝麻油的香味让烤鳗鱼变得更加美味。

### 材料（1人份）

吐司（6片装）　2片

\*馅料

烤鳗鱼串　1个

花椒粒　1小匙

黄瓜（竖切薄片）　1/2根

\*酱料

芝麻油　适量

烤鳗鱼调味料　适量

### 制作方法

1 在下面面包抹上芝麻油，放上烤鳗鱼，撒上花椒粒。

2 在上层面包涂上烤鳗鱼调味料，放上黄瓜。

3 把做好的三明治放入热三明治烤具，用中火烤1-2分钟。翻过来再烤1-2分钟即可。

HOT SANDWICH

**023**

# 南蛮炸鸡块热三明治

炸好的鸡块上抹满醋，再淋上塔塔酱……
太不可思议了！ 竟然变成南蛮的味道。
变软的圆白菜口感清爽，鸡肉爽滑酥嫩！

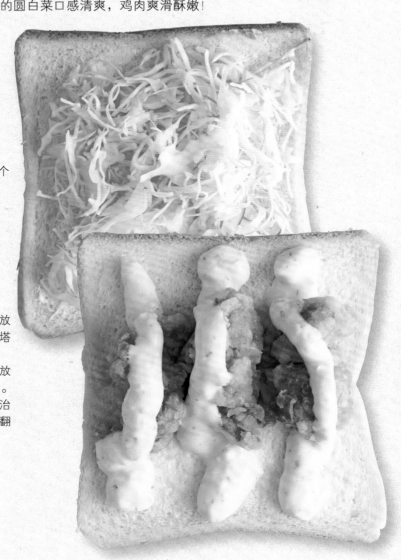

## 材料（1人份）

吐司（6片装） 2片
＊馅料
炸鸡块（超市贩卖品） 3个
醋 少许
塔塔酱 2大匙
切细的圆白菜 1/4杯
＊酱料
黄油 适量

## 制作方法

1 在下层面包上面抹上黄油，放
上抹满醋的炸鸡块，淋上塔塔
酱。

2 在上面那层面包抹上黄油，放
上切细的圆白菜，做成三明治。

3 把做好的三明治放入热三明治
烤具，用中火烤1–2分钟。翻
过来再烤1–2分钟即可。

HOT SANDWICH

**024**

# 韩式烤肉热三明治

通过热三明治再现了极具人气的韩国烤肉！
牛肉、苦椒酱和大葱的味道……看，就是韩式烤肉！

## 材料（1人份）

芝麻吐司　2片

＊馅料

　牛背肉（烤肉专用）　3片

　色拉油　少许

　烤肉调味汁　少许

　色拉油　少许

　苏子叶　1片

　大葱（斜切薄片）　5 cm

＊酱料

　芝麻油　适量

　苦椒酱　少许

## 制作方法

1 平底煎锅放色拉油烧热，放入牛背肉，煎好后裹上烤肉调味汁。

2 在下面的面包上抹上芝麻油，放上苏子叶后放好1的烤肉。

3 在上面的面包上涂上烤肉调味汁，放上切好的大葱做成三明治。

4 把做好的三明治放入热三明治烤具，用中火烤1-2分钟。翻过来再烤1-2分钟即可。

# 蒜香牛排三明治

# 025

用大块牛排做热三明治简直是奢华无比！
半熟的牛肉做成三明治后再烤，火候恰到好处。
甚至连浸透肉味的沙司都一起吃了下去！

## 材料（1人份）

吐司（6片装） 2片

＊馅料

蒜香牛排（请参照下述烹制） 1片
炸蒜（请参照下述烹制） 适量
牛排调味汁（请参照下述烹制） 适量
嫩菜叶 适量
生菜（撕碎） 1～2片

＊酱料

黄油 适量

---

蒜香牛排

材料（1人份）

牛背肉 1片
大蒜（切成薄片）1瓣
色拉油 1大匙
盐、碎黑胡椒 各少量
A

葡萄酒醋 4大匙
芥末粒 1/2小匙

制作方法

1 牛肉放置成常温。（从冰箱拿出后静置一会儿）

2 炸蒜。平底煎锅里放入大蒜、色拉油，开小火，大蒜变成褐色后取出备用。

3 1里撒上盐、胡椒，烤成五成熟后取出放在盘子里醒5分钟。

4 做沙司。取出牛排后把A放入煎锅，用中火煮到只剩一半。

---

HOT SANDWICH

## 制作方法

1 在下面的面包上抹上黄油，放上牛排，放上炸蒜，淋上牛排调味汁。

2 在上面的面包上抹上黄油，放上嫩菜叶和生菜，做成三明治。

3 把做好的三明治放入热三明治烤具，用中火烤1-2分钟。翻过来再烤1-2分钟即可。

**026**

# 秘制叉烧热三明治

沾满汤汁的叉烧肉，还没做三明治就让人食欲大开。

秘制叉烧三明治是叉烧肉与大葱葱白的完美对接。

面包亦与叉烧肉非常相配，美味至极，忍不住想再来一块！

HOT SANDWICH

## 材料（1人份）
吐司（6片装）2片
＊馅料
叉烧肉（请参照下述烹制，做成薄片）3片
烧叉烧肉的佐料汁（下请参照下述烹制）适量
大葱葱白　10cm
＊酱料
蛋黄酱　适量
黄油　适量

焼き豚
材料（易于制作的分量）
里脊（块）　300–400g
大葱青色部分　1根
大蒜、姜　各1瓣
色拉油　1大匙
蜂蜜　1大匙
A
酱油　1/2杯
绍兴酒（或者酒）1/2杯
白砂糖　50g
大酱　1/2大匙
水　1/2杯
红辣椒　1个
八角（根据个人口味）　1个
制作方法
1 用刀背压扁大蒜和姜。锅烧热后加入色拉油，倒入大葱、大蒜、姜后煸炒。炒出香味后加入猪肉翻炒着色。
2 加入A煮开后盖上锅盖。锅盖和锅之间冒出水蒸气时，关小火继续煮20分钟。把肉翻过来再煮10分钟。
3 揭开锅盖加蜂蜜，用中火收汁。时不时上下翻动肉块，让肉块充分裹上汤汁。煮到汤汁剩一半时关火。

根据个人口味加上芥末，好吃得不得了！

## 制作方法
1 在下面的面包上抹上蛋黄酱，放上叉烧肉，淋上叉烧肉汤汁。
2 在上面的面包上涂上黄油，放上葱白，做成三明治。
3 把做好的三明治放入热三明治烤具，用中火烤1–2分钟。翻过来再烤1–2分钟即可。

叉烧肉－2

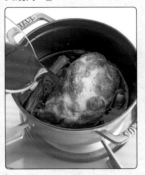

肉表面着色收汁后，加上调味料煮是其要点。

叉烧肉－3

肉块都裹上调味料后，慢慢地煮透。

# 027

# 中国风情热三明治

这款热三明治的馅虽然不是面条，却极似中国风味的凉面。
肚子饿的时候特别想吃的一款清爽的热三明治。
而且不用开火就能制作的非常简单的快餐热三明治！

## 材料（1人份）

皮塔饼　1个

\*馅料

里脊肉火腿（切成细条）　1片
黄瓜（切成细条）　5 cm
白芝麻　少许
芝麻酱（超市贩卖品）　少许

\*酱料

芝麻油　少许

## 制作方法

1 面包横切成两片。下面的面包涂上芝麻油，放上火腿，撒上芝麻。

2 上面的面包上放上用芝麻酱调好的黄瓜，做成三明治。

3 把做好的三明治放入热三明治烤具，用中火烤1–2分钟。翻过来再烤1–2分钟即可。

HOT SANDWICH

# 028

# 肉丸热三明治

用便当料理中很受欢迎的肉丸子做的小烤饼热三明治。

这款三明治极其适合当午餐。

没有嫩菜叶的话，嫩萝卜苗也可以。

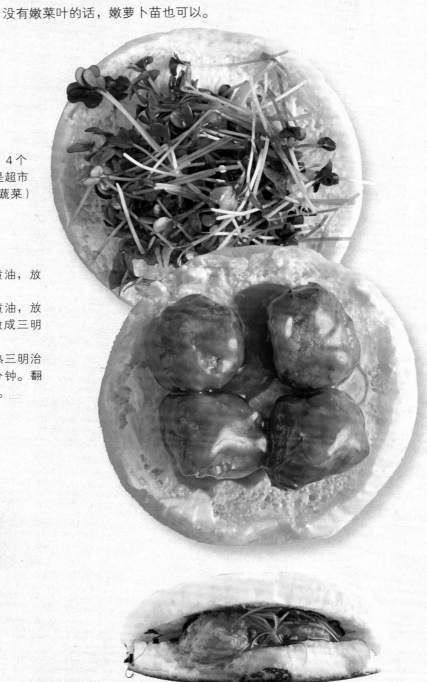

## 材料（1人份）

英式小烤饼　1个

＊馅料

肉丸子（快餐食品）　4个

嫩菜叶　1/4盒（就是超市
　　　　盒装出售的蔬菜）

＊酱料

黄油　适量

## 制作方法

1 在下面的面包上抹上黄油，放
　上肉丸子。

2 在上面的面包上抹上黄油，放
　上去掉根的嫩菜叶，做成三明
　治。

3 把做好的三明治放入热三明治
　烤具，用中火烤1-2分钟。翻
　过来再烤1-2分钟即可。

3

与热三明治烤具相比，虽然
小烤饼尺寸较小，可是只要
烤成金黄色后，小烤饼也能
烤得热热乎乎的。

HOT SANDWICH

# 029

# 青花鱼罐头热三明治

提起罐头，最先想到的……还是青花鱼罐头。
充分发挥出一味唐辛子的辛辣刺激，请与清新爽口的生菜一起食用。

**材料（1人份）**

吐司（6片装） 2片
＊馅料
　青花鱼罐头 1/2罐
　一味唐辛子 少许
　生菜（切丝） 1片
＊酱料
　蛋黄酱 适量

**制作方法**

1 在下面的面包上涂上蛋黄酱，打开青花鱼罐头放在面包上，撒上一味唐辛子。

2 在上面的面包涂上蛋黄酱，放上生菜，做成三明治。

3 把做好的三明治放入热三明治烤具，用中火烤1-2分钟。翻过来再烤1-2分钟即可。

# 030

# 烤鸡肉串罐头热三明治

古朴的烤鸡肉串罐头与时髦的长条面包一起做成三明治会怎样呢？
外面烤得酥脆的热三明治能成为一样菜品！

**材料（1人份）**

长条面包
　（12-13cm） 1根
※切时参考热三明治烤具的尺寸
＊馅料
　烤鸡肉串罐头
　　（调料汁） 50g
　一味唐辛子 少许
　小葱（切碎） 2大匙
＊酱料
　蛋黄酱 适量

**制作方法**

1 把面包分成两份。在下面的面包上涂上蛋黄酱，放上烤鸡串，撒上一味唐辛子。

2 在上面的面包上涂上蛋黄酱，放上小葱，挤紧蛋黄酱，做成三明治。

3 把做好的三明治放入热三明治烤具，用中火烤1-2分钟。翻过来再烤1-2分钟即可。

# 韩式风味热三明治

辣白菜、韩国紫菜、芝麻油。把韩国料理总不可或缺的食材组合在一起做成三明治。辣白菜与芝士都是发酵食品，非常搭配。

## 材料（1人份）

田园风法国面包
　（薄切片）　2片
＊馅料
　辣白菜　适量
　韩国紫菜　1片
　披萨用芝士　1大匙
＊酱料
　芝麻油

## 制作方法

1 在下面的面包上涂上芝麻油，放上韩国紫菜后再放上辣白菜。

2 在上面的面包上涂上芝麻油，放上披萨用芝士，做成三明治。

3 把做好的三明治放入热三明治烤具，用中火烤1–2分钟。翻过来再烤1–2分钟即可。

# 鱼肉肠热三明治

纺锤形面包夹着香肠、番茄酱、蛋黄酱做成的鱼肉肠热三明治，是多么令人怀念的美味啊！用土豆沙拉、通心粉沙拉来做也很美味。

## 材料（1人份）

纺锤形面包　1个
＊馅料
　鱼肉肠　1/2根
　番茄酱　1大匙
　家常凉拌卷心菜
　　3大匙
＊酱料
　黄油　适量

## 制作方法

1 在下面的面包上抹上黄油，鱼肠竖切成两半，再横切成两半，放上切好的鱼肉肠。

2 在上面的面包上铺好凉拌卷心菜，做成三明治。

3 把做好的三明治放入热三明治烤具，用中火烤1–2分钟。翻过来再烤1–2分钟即可。

HOT SANDWICH

**033**

# 巧克力棉花糖热三明治

巧克力棉花糖热三明治是一组无比美味的组合！

三明治的面包紧紧夹住黏黏的棉花糖和巧克力，美妙的口感和甜美的味道令人欲罢不能。

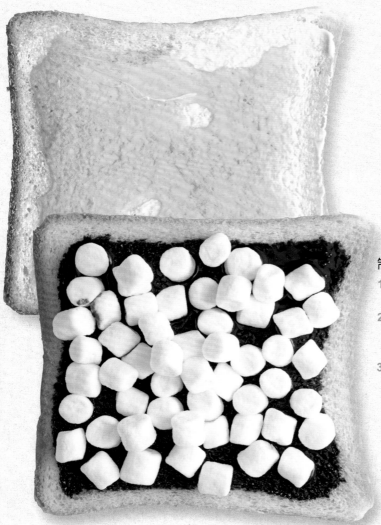

### 材料（1人份）

吐司（6片装） 2片

\*馅料

┃ 棉花糖 3大匙

\*酱料

┃ 巧克力果子露 适量

┃ 黄油 适量

┃ 蜂蜜 适量

### 制作方法

1 在下面的面包上抹上巧克力果子露，放上棉花糖。

2 在上面的面包上涂上黄油，再抹上一层蜂蜜，然后上下面包合在一起做成三明治。

3 把做好的三明治放入热三明治烤具，用中火烤1–2分钟。翻过来再烤1–2分钟即可。

HOT SANDWICH

# 034

# 简易牛奶蛋糊水果热三明治

把牛奶蛋糊和水果组合在一起，就做成了类似奶汁烤水果的热三明治。牛奶蛋糊可以用煤气灶做，是道极其简单的食谱。水果可以选择应季水果或者自己喜欢的水果。

## 材料（1人份）

酒店面包　2 片

＊辅料

　猕猴桃（薄片）　4 片
　草莓（切成两半）　1 个
　牛奶蛋糊（请参照下述烹制）
　　3 大匙

＊馅料

　黄油　适量

---

牛奶蛋糊
材料（易于制作的分量）
蛋黄　1 个
白砂糖　2 大匙
低筋面粉　1 大匙
牛奶　100ml
黄油　1 大匙
制作方法
1 把蛋黄和白砂糖倒入大碗搅拌。按照低筋面粉、牛奶的顺序依次加入，用力搅拌。
2 用笊篱等过滤后放入耐高温容器，盖好保鲜膜，放入微波炉加热1分钟。加上变成常温的黄油，用力搅拌均匀后盖紧保鲜膜，放置冷却。

---

## 制作方法

1 在下面的面包上抹上黄油，放上水果。
2 在上面的面包上涂上牛奶蛋糊，两片面包合在一起做成三明治。
3 把做好的三明治放入热三明治烤具，用中火烤1-2分钟。翻过来再烤1-2分钟即可。（注意过多加热，牛奶蛋糊会融化溢出来）

HOT SANDWICH

## 035

# 草莓大福饼热三明治

这是一款用超市买的红豆馅做成的日式风情的热三明治。
草莓牛奶清爽的口感与红豆馅和黄油醇厚的味道，堪称完美的组合。

## 材料（1人份）

吐司（6片装） 2片
＊馅料
┃ 草莓（切成两半） 3颗
┃ 炼乳 适量
＊酱料
┃ 黄油 适量
┃ 红豆馅 2大匙

## 制作方法

1 在下面的面包上抹上黄油，均匀摆放好草莓，挤上炼乳。

2 在上面的面包上抹满红豆馅，两片面包合在一起做成三明治。

3 把做好的三明治放入热三明治烤具，用中火烤1~2分钟。翻过来再烤1~2分钟即可。

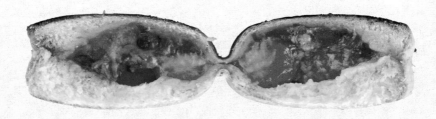

# 036

# 枫糖红薯热三明治

枫糖红薯热三明治兼具黄油的芳香和枫糖的甜美,是西式的蜜番薯。
做成三明治就成了蜜番薯泥,很适合搭配奶酪一起食用。

## 材料(1人份)

长条面包(12~13cm) 1根
※根据热三明治烤具的尺寸切成适
　当的大小
\*馅料
　枫糖红薯
　(请参照下述烹制)
　下述量的1/2
\*酱料
　黄油　适量
　马士卡彭奶酪　1大匙

枫糖红薯
材料(易于制作的分量)
红薯　1/2个
黄油　1大匙
枫糖　1大匙
制作方法
1 红薯切成2cm大小的小块,
　煮到用竹签轻松穿透的程度。
2 平底煎锅放上黄油和枫糖加
　热至融化,黄油咕嘟咕嘟冒泡
　后改为中火,把1放入锅内翻
　炒,收汁。

## 制作方法

1 在下面的面包上抹上黄油,均
　匀摆放好枫糖红薯。
2 在上面的面包上均匀抹满马士
　卡彭奶酪,两片面包合在一起
　做成三明治。
3 把做好的三明治放入热三明治
　烤具,用中火烤1~2分钟。翻
　过来再烤1~2分钟即可。

HOT SANDWICH